Statik

Kleine Baustatik nach Eurocodes

Susan Kalla

Chrisoula Vassiliou

Walter Bläsi

2., überarbeitete Auflage

HANDWERK UND TECHNIK – HAMBURG

ISBN 978-3-582-97726-7 Best.-Nr. 5617

Die Normblattangaben werden wiedergegeben mit Erlaubnis des DIN Deutsches Institut für Normung e.V. Maßgebend für das Anwenden der Norm ist deren Fassung mit dem neuesten Ausgabedatum, die bei der Beuth Verlag GmbH, Burggrafenstraße 6, 10787 Berlin, erhältlich ist.

Verlag Handwerk und Technik GmbH,
Lademannbogen 135, 22339 Hamburg; Postfach 63 05 00, 22331 Hamburg – 2023
E-Mail: info@handwerk-technik.de; Internet: www.handwerk-technik.de

Umschlagabbildung: Fotografie: Hertha Hurnaus, A-Wien; Architektur: propeller z www.propellerz.at;
Statik: Werkraum Ingenieure ZT GmbH www.werkraum.com
Zeichnungen: Hans-Hermann Kropf, 89428 Syrgenstein; COI GmbH, 80809 München; CMS – Cross Media Solutions GmbH, 97082 Würzburg
Satz: CMS – Cross Media Solutions GmbH, 97082 Würzburg
Druck und Bindung: Standart Impressa, UAB, 02189 Vilnius

Vorwort

In früheren Jahrhunderten wurden Gebäude nach Gefühl und Erfahrung errichtet. Davon konnten nur die Bauwerke bestehen, deren Erbauer auf das richtige Gefühl gesetzt hatten. Heutzutage werden für die Standfestigkeit der Gebäude statische Berechnungen durchgeführt – ohne rechnerischen Nachweis darf kein größeres Bauwerk errichtet werden. Hierzu sind Kenntnisse über die Kräfte im Bauwerk und deren Verlauf notwendig.

Das vorliegende Buch soll eine Einführung in statische Berechnungen geben und anhand von zahlreichen Aufgaben viele Möglichkeiten zur Übung und Vertiefung bieten. Zunächst werden der **Begriff der Kraft** und die **Arten von Kräften** erklärt. **Auflagerkräfte**, die in jedem Bauwerk vorkommen, werden auf Basis der **Hebelgesetze** erläutert. Diese Grundlagen werden in den Kapiteln **Spannung** und **Berechnung der Schnittgrößen** vertieft. In den folgenden Kapiteln werden ausgewählte Themen der Statik behandelt, u.a. **Dimensionierung eines Balkens**, **Berechnungen nach DIN EN 1996-3**, **Knicksicherheitsnachweis** und **Holzverbindungen**. All diese Inhalte sind dem Kapitel **Statik** der **Technischen Mathematik für Bauberufe** (Best.-Nr. 5615) entnommen.

Den Abschluss des Buches bildet eine **Projektaufgabe**, bei der Problemstellungen aus fast allen Gebieten der Statik an einem Reihenhaus mit Garage bearbeitet werden können.

Der **aktuelle Stand von Technik und Normung** ist selbstverständlich auch in der Neuauflage berücksichtigt. Zudem wurde das Werk um **zusätzliche Aufgaben** ergänzt. Weitere Verbesserungen ergaben sich aus Hinweisen und Vorschlägen der Benutzer. Solche Anregungen nehmen wir unter **bau@handwerk-technik.de** weiterhin sehr gerne entgegen.

Zu diesem Werk liegt ein **Lösungsheft** (Best.-Nr. 5618) vor, in dem auch die Lösungswege ausführlich dargestellt sind.

Stuttgart, im Herbst 2023

Die Verfasser

Inhaltsverzeichnis

Aufgabe der Statik ist die Untersuchung der Kräfte und ihrer Wirkung auf ein Bauwerk.

1 Begriff der Kraft

In der Physik wird zwischen Masse und Gewichtskraft unterschieden.

Die **Masse** ist das Produkt aus dem Volumen eines Stoffes und dessen Dichte. Die Einheit ist das Kilogramm (kg).

Masse = Volumen · Dichte

$$m = V \cdot \varrho$$

· 1 000 · 1 000 · 1 000

1 t = 1 000 kg = 1 000 000 g
1 kg = 1 000 g = 1 000 000 mg
1 g = 1 000 mg

Die SI-Einheit der Dichte ist kg/m³, in der Praxis wird aber meist mit kg/dm³ gerechnet, um die Zahlenwerte kleiner zu halten:

$$1\,\frac{\text{kg}}{\text{dm}^3} = 1\,000\,\frac{\text{kg}}{\text{m}^3} = 1\,\frac{\text{t}}{\text{m}^3}$$

Die **Gewichtskraft** ist eine Kraft, mit der ein Körper zum Erdmittelpunkt hingezogen wird. Dabei wirkt die Erdbeschleunigung. Sie beträgt beim freien Fall im luftleeren Raum 9,81 m/s². In der Praxis wird mit 10 m/s² gerechnet.

Es gilt das von Newton formulierte Gesetz:

Kraft = Masse · Beschleunigung

$$F = m \cdot g$$

· 1 000 · 1 000

1 MN = 1 000 kN = 1 000 000 N
1 kN = 1 000 N

1 N = 1 Newton
1 kN = 1 Kilonewton
1 MN = 1 Meganewton

Zur Beschleunigung der Masse von 1 kg auf $g = 10\,\frac{\text{m}}{\text{s}^2}$ ist eine Kraft F erforderlich von

$$F = 1\text{ kg} \cdot 10\,\frac{\text{m}}{\text{s}^2} = 10\,\frac{\text{kg} \cdot \text{m}}{\text{s}^2} = 10\text{ N}$$

Kräfte sind nicht sichtbar, aber sie können an ihren Wirkungen auf einen Stoff erkannt werden. Wird beispielsweise ein Stein geworfen, so wird auf ihn eine Kraft ausgeübt. Diese Kraft ist nicht sichtbar, aber die Größe der übertragenen Kraft zeigt sich in der Weite des Wurfes.

Beispiel

Soll ein 1 kg schwerer Stein auf der Erde hochgehoben werden, so wird eine Kraft von 10 N benötigt. Wird der gleiche Stein jedoch auf dem Mond gehoben, ist nur eine Kraft von 1,7 N nötig.

Die Materie des Steins hat sich aber nicht verändert. Die Zahl der Moleküle und somit die Masse sind gleich geblieben. Da die Gewichtskraft aber ortsabhängig ist und auf dem Mond eine andere Anziehung herrscht, ändert sich dort die Kraft, die nötig ist, um den Stein zu heben.

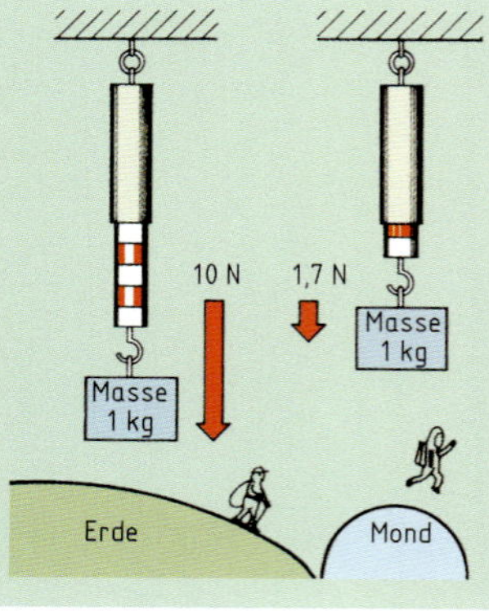

Roh- bzw. Schüttdichten einiger Baustoffe

Baustoff	Rohdichte Schüttdichte [kg/dm³]
Bodenarten (erdfeucht)	
Sand (2 … 5 % Feuchte)	1,3
Kies, sandfrei	1,7
Schotter	1,7
Kiessand (0 … 32 mm)	1,9
Ton	2,0
Lehm, Mergel	2,15
Natursteine	
Granit	2,8
Basalt	3,0
Kalkstein, dicht	2,8
Sandstein	2,6
Gneis	3,0
Bindemittel (locker geschüttet)	
Kalkteig	≈ 1,25
Kalkhydrat	0,5
Hydraulischer Kalk 2 und 3,5	0,8
Hydraulischer Kalk 5	1,0
Putz- und Mauerbinder	1,0
Zement	1,2
Stuckgips, Putzgips	0,9
Calciumsulfatbinder	1,0
Mörtel	
Gipsmörtel ohne Sand	1,2
Kalkmörtel	1,8
Kalkzementmörtel	2,0
Zementmörtel	2,1
Künstliche Steine	
Vollziegel	1,8
Lochziegel	1,0 … 1,8
Vollklinker	2,0
Hochlochklinker	1,9
Kalksand-Vollsteine	1,6 … 2,0
Kalksand-Lochsteine	1,2 … 1,6
Kalksand-Hohlblocksteine	1,0 … 1,6
Leichtbeton-Vollsteine	0,8 … 1,6
Leichtbeton-Hohlblocksteine	1,0 … 1,4
Porenbetonsteine	0,5 … 0,8
Beton	
Frischbeton	2,35
Normalbeton	2,3
Stahlbeton	2,5
Blähton-/Blähschieferbeton	1,2 … 2,0

Baustoff	Rohdichte Schüttdichte [kg/dm³]
Mauerwerk aus	
Vollklinker	2,0
Vollziegel	1,8
Lochziegel (ϱ = 1,2 kg/dm³)	1,4
Kalksand-Vollstein	1,8
Kalksand-Lochstein (ϱ = 1,6 kg/dm³)	1,5
Leichtbeton-Hohlblockstein (ϱ = 1,2 kg/dm³)	1,2
Porenbetonstein (ϱ = 0,6 kg/dm³)	0,8
Sandstein	2,6
Kalkstein, dicht	2,8
Hölzer, lufttrocken	
Eiche	0,75
Pappel	0,45
Kiefer	0,52
Fichte	0,48
Tanne	0,45
Lärche	0,60
Metalle	
Stahl	7,85
Aluminium	2,7
Kupfer	8,9
Blei	11,4
Kunststoffe	
PVC-U (Polyvinylchlorid)	1,38
PE-HD (Polyethylen)	0,95
PS (Polystyrol)	1,05
Dämmstoffe	
Polystyrolschaum	0,02
Polyurethan-Hartschaum	0,03
Faserdämmstoffe	0,03 … 0,2
Plattenförmige Werkstoffe	
Faserzementplatten	1,8
Holzspanplatten	0,8
Gipsplatten	0,9
Bitumenhaltige Stoffe	
Rohbitumen	2,5
Dachpappe	1,1
Asphalttragschicht	2,3
Asphaltbinderschicht	2,4
Asphaltdeckschicht	2,5

Aufgaben

1. Berechnen Sie die Masse des 2,50 m langen Betonfertigteilelements aus C45/55.

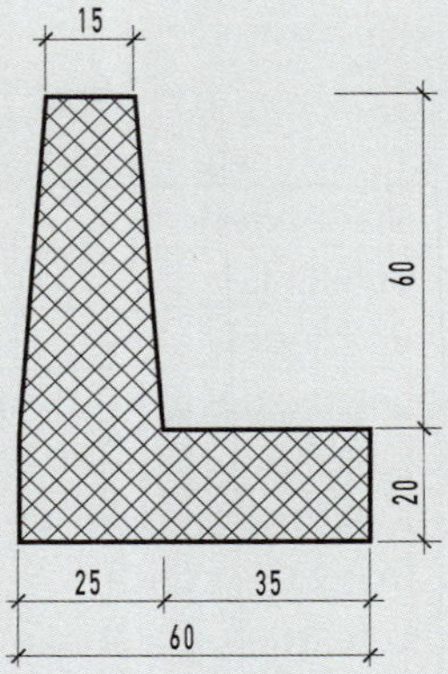

2. Wie groß ist die Masse des 5,20 m langen Holzbalkens aus Fichte?

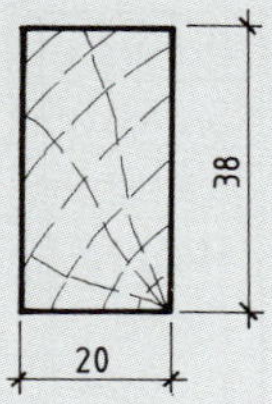

3. Ermitteln Sie die Masse der 2850 mm hohen Rundstütze aus Stahl.

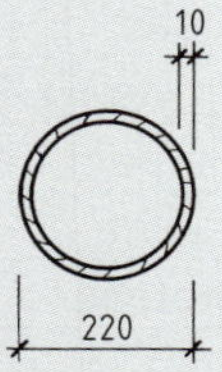

4. Eine Schallschutzverglasung mit zwei Scheiben und 12 mm Zwischenraum hat die Abmessungen 4,50 × 2,80 m. Eine Scheibe hat eine Dicke von 4 mm, die andere eine von 6 mm. Welche Masse hat die Verglasung bei einer Dichte von 2,5 kg/dm^3?

5. Das 1,20 m lange Bauteil hat eine Masse von 157,5 kg. Ermitteln Sie die Rohdichte.

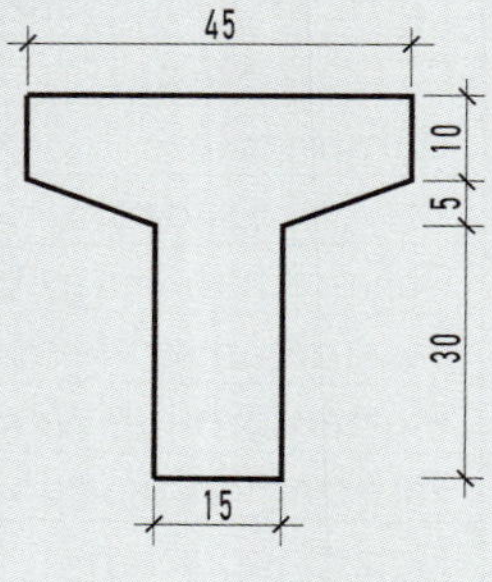

6. Ein Binder aus Brettschichtholz hat bei einer Rohdichte von 0,75 kg/dm^3 eine Masse von 112,5 kg. Ermitteln Sie das Volumen in
a) m^3,
b) dm^3.

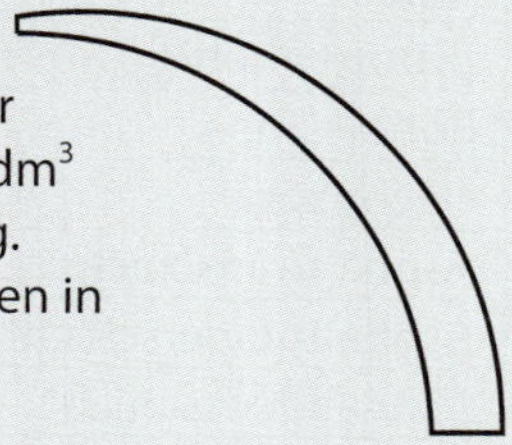

7. Welche Masse hat die Fensterbank aus Kunststein?
Länge der Bank 4,20 m,
Rohdichte des Materials 2,2 kg/dm^3.

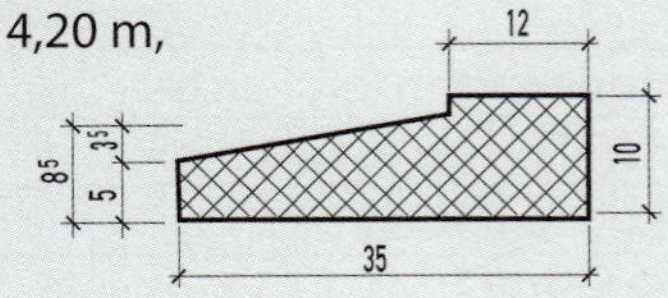

8. Welche Masse hat der 14,00 m lange Kastenträger einer Brücke aus Spannbeton bei einer Dichte von 2,7 kg/dm^3?

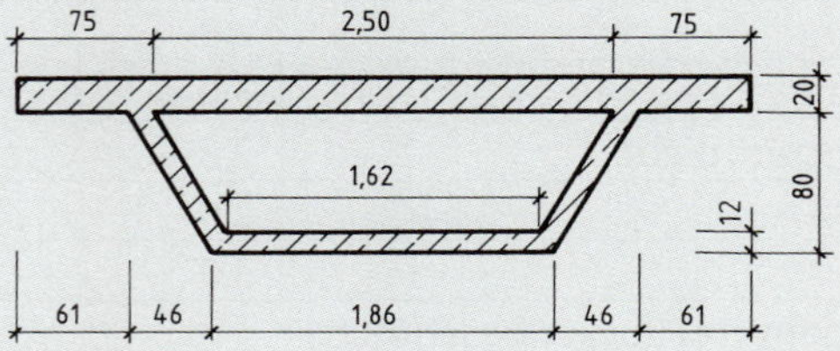

9. Welche Masse hat die 2,50 m lange Blockstufe aus Sandstein?
(Die leicht abgerundete Vorderkante ist zu vernachlässigen.)

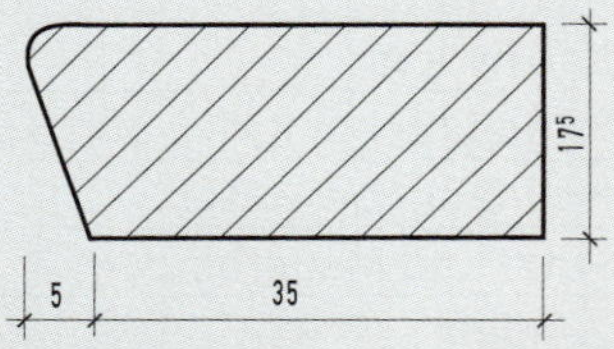

10. Berechnen Sie die Masse des Köcherfundaments.

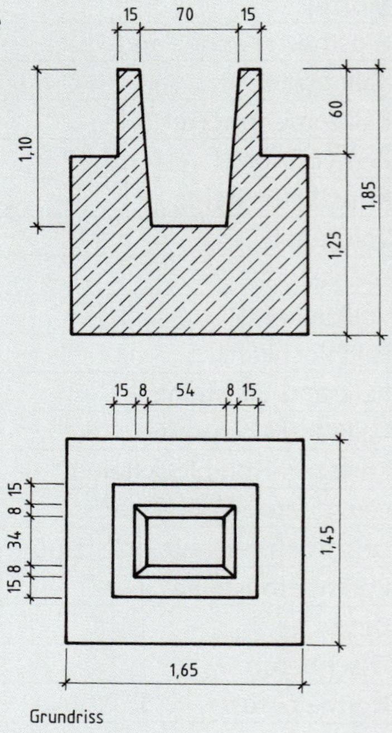

Aufgaben

11. Es soll ein kreisrundes Schwimmbecken aus Stahlbeton gebaut werden. Berechnen Sie die Masse

a) des Schwimmbeckens ohne Füllung,

b) des Schwimmbeckens mit Füllung ($\varrho_{Wasser} = 1{,}00$ kg/dm^3),

c) des aufzufüllenden Bodens ($\varrho_{Schüttgut} = 1{,}9$ t/m^3), wenn bis zum oberen Rand aufgefüllt wird.

d) Wie groß ist die Gesamtmasse, die in der Bodenfuge auf den Boden drückt? Annahme: Vom Boden soll nur der Teil als auf die Bodenplatte drückend betrachtet werden, der sich über ihr befindet.

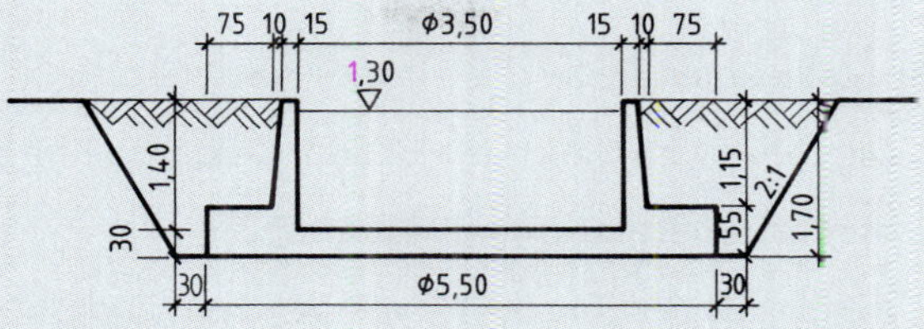

12. Der Binder aus Brettschichtholz einer Lagerhalle hat eine Dicke von 30 cm. Berechnen Sie die Masse bei einer Dichte von 0,75 kg/dm^3.

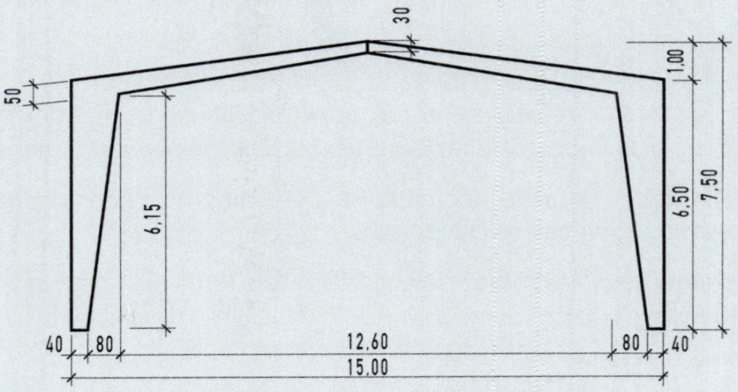

13. Wie viel t Boden sind für den 3,5 km langen Lärmschutzwall bei einer Dichte des Materials von 2,1 t/m^3 anzufahren?

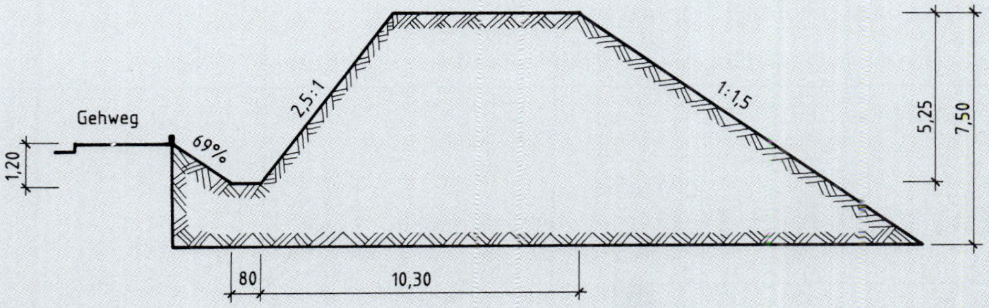

2 Gliederung der Statik

Die Statik untergliedert sich in drei Bereiche:

1. Die Lehre vom Gleichgewicht der Kräfte (äußere Kräfte),
2. die Festigkeitslehre (innere Kräfte),
3. die Elastizitätslehre (Lehre von den Formänderungen).

Beispiel

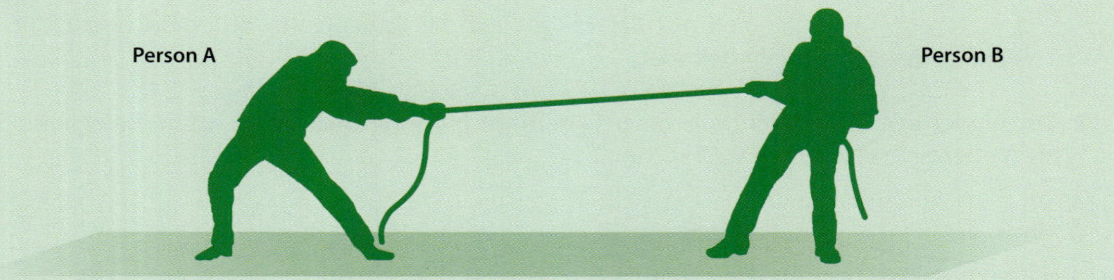

1. Bezogen auf die Lehre vom Gleichgewicht der Kräfte bedeutet es, dass beide Personen mit der gleichen Kraft ziehen müssen, wenn sie sich weder nach hinten noch nach vorne bewegen sollen.
2. Bezogen auf die Festigkeitslehre bedeutet es, dass die inneren Kräfte des Seiles mindestens so groß sein müssen wie die äußeren (Zugkräfte), damit das Seil nicht reißt.
3. Bezogen auf die Elastizitätslehre bedeutet es, dass sich die Länge des Seiles durch die Krafteinwirkung vorübergehend vergrößert.

Die Statik behandelt immer den Fall der Ruhelage. Es gelten dann die Grundsätze:

1. Die äußeren Kräfte an einem Körper müssen im Gleichgewicht sein.
2. Die inneren Kräfte müssen im Gleichgewicht sein.
3. Die äußeren Kräfte müssen mit den inneren Kräften im Gleichgewicht sein.

3 Arten von Kräften

Zur eindeutigen Bestimmung einer Kraft sind erforderlich

1. die Größe, z. B. $F = 3{,}5$ kN,
2. der Richtungswinkel, z. B. $\alpha = 40°$,
3. die Lage, gegeben durch den Angriffspunkt.

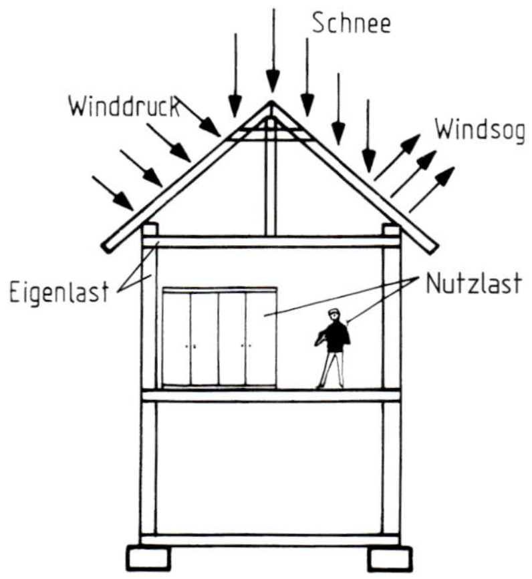

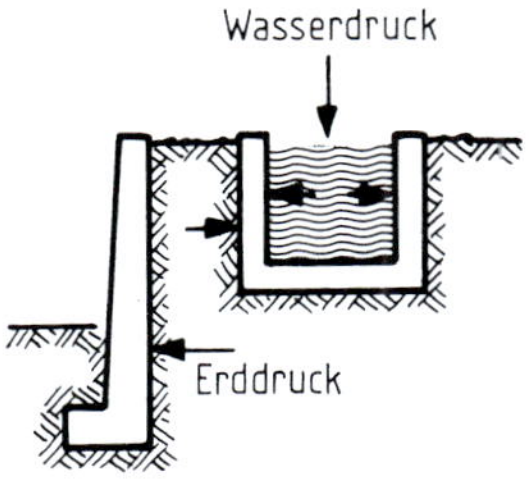

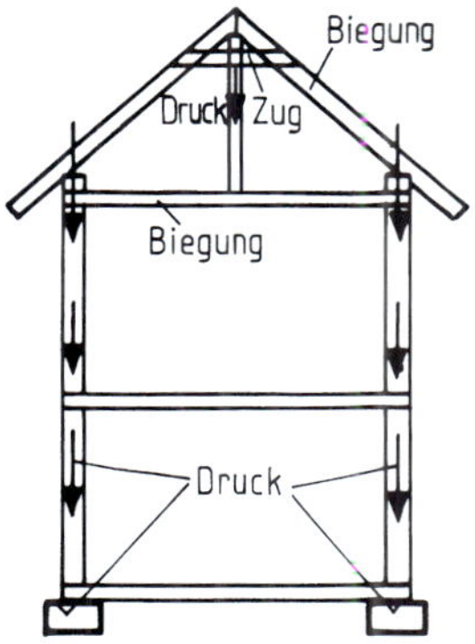

- **Kräfte**
  - **angreifende Kräfte** (Aktionskräfte)
    - **ständige Einwirkungen**: Eigenlast der Bauteile, Wasserdruck, Erddruck
    - **veränderliche Einwirkungen**: Windlast, Schneelast, Nutzlasten durch Personen, Möbel, Maschinen, Lagergüter usw.
  - **widerstehende Kräfte** (Reaktionskräfte)

Zeichnerische Darstellung von Kräften

Kräfte können durch Pfeile dargestellt werden. Die Pfeillänge gibt die Größe der Kraft und die Pfeilspitze ihre Richtung an. Um einen Kräfteplan darzustellen, muss ein entsprechender Maßstab gewählt werden.

Beispiel 1

$F_1 = 35$ kN
$F_2 = 8$ kN
$F_3 = 3$ kN

Kräftemaßstab: 10 kN ≙ 1 cm

gemessen: $F_R = 4{,}6$ cm ≙ 46 kN

gerechnet: $F_R = F_1 + F_2 + F_3 = 35\text{ kN} + 8\text{ kN} + 3\text{ kN} = 46\text{ kN}$

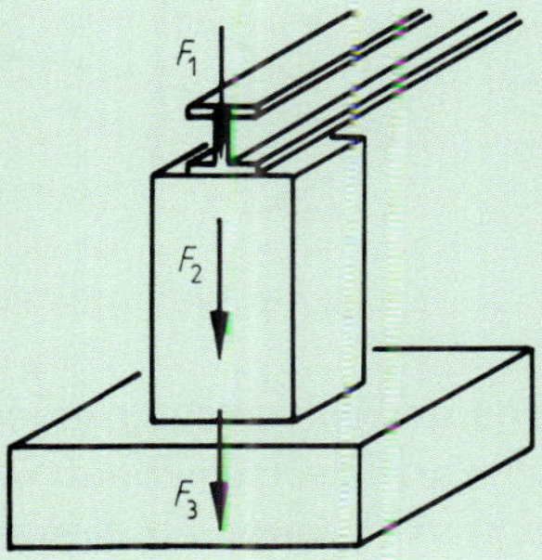

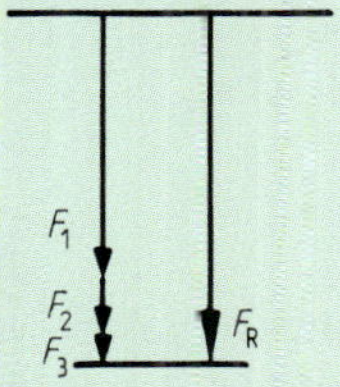

Eine einzige Kraft F_R (Resultierende) ruft die gleiche Wirkung hervor wie die Summe von Einzelkräften. F_R heißt Resultierende, weil sie das Resultat der Addition der Einzelkräfte ist.

Kräfte, die auf der gleichen Wirkungslinie liegen, können einfach addiert werden.

Beispiel 2

Ermitteln Sie die Resultierende der Kräfte $F_1 = 30\ \text{kN} \downarrow$ $F_2 = 10\ \text{kN} \downarrow$ $F_3 = 20\ \text{kN} \downarrow$ $F_4 = 15\ \text{kN} \uparrow$

Kräftemaßstab:
10 kN ≙ 1 cm

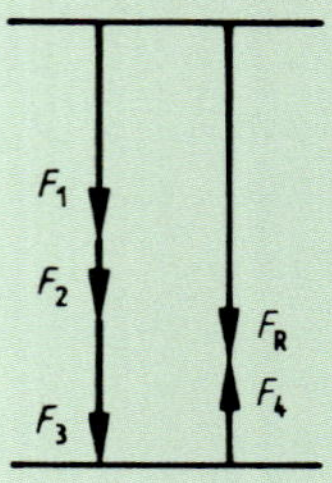

Ergebnis

gemessen: $F_R = 4{,}5\ \text{cm} \mathrel{\hat{=}} 45\ \text{kN}$

rechnerisches Ergebnis:

$F_R = F_1 + F_2 + F_3 + F_4$
$= 30\ \text{kN} + 10\ \text{kN} + 20\ \text{kN} + (-15\ \text{kN})$
$F_R = 45\ \text{kN}$

Die Resultierende F_R ruft die gleiche Wirkung hervor wie die Summe der Einzelkräfte F_1, F_2, F_3, F_4.

Beispiel 3

Kräftemaßstab:
10 kN ≙ 1 cm

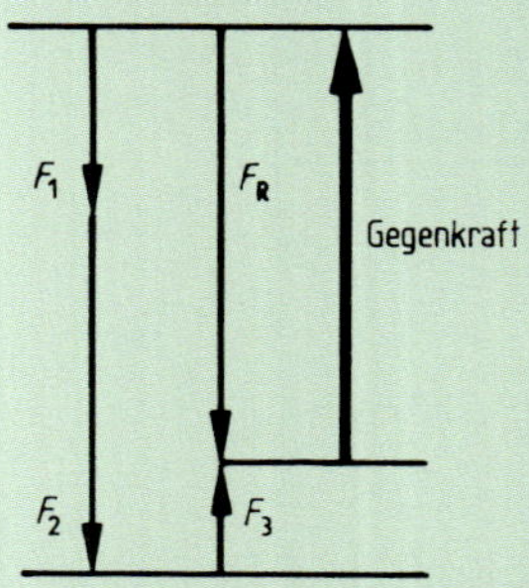

Wie groß ist die Gegenkraft, die den angreifenden Kräften (Aktionskräften) entgegengesetzt werden muss, wenn Gleichgewicht herrschen soll?
$F_1 = 25\ \text{kN} \downarrow$ $F_2 = 50\ \text{kN} \downarrow$ $F_3 = 15\ \text{kN} \uparrow$

Ergebnis

gemessen: $F_R = 6\ \text{cm} \mathrel{\hat{=}} 60\ \text{kN}$

rechnerisches Ergbenis:

$F_R = F_1 + F_2 + F_3$
$= 25\ \text{kN} + 50\ \text{kN} + (-15\ \text{kN})$
$F_R = 60\ \text{kN}$

Die Resultierende F_R beträgt 60 kN. Somit ist die Gegenkraft –60 kN.

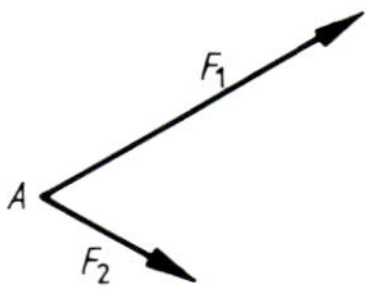

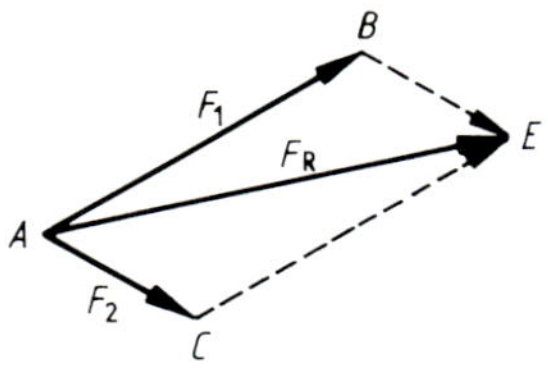

Kräfteparallelogramm

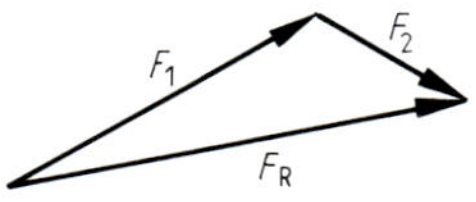

Kräftedreieck

Liegen Kräfte – wie dargestellt – nicht in einer Linie, können sie nicht einfach addiert werden. Die Resultierende entsteht durch Parallelverschiebung von F_1 und F_2. Sie ist die Diagonale des entstehenden Parallelogramms. Durch die Kraft F_1 würde ein Körper bei einer Verschiebung von A nach B und durch F_2 weiter nach E gelangen. Ebenso könnte dieser Körper durch F_2 nach C und von dort durch F_1 nach E gelangen. Gleichermaßen könnte der Körper auch durch eine einzige, unmittelbar wirkende Ersatzkraft von A nach E gebracht werden. Diese Ersatzkraft ist die Resultierende.

Um die Resultierende beim Kräftedreieck darzustellen, werden die Kräfte hintereinandergereiht und vom Beginn der ersten Kraft bis zur Spitze der letzten Kraft verbunden.
Für die Berechnung ist es häufig nötig, eine Kraft in eine horizontale Kraft F_H und eine vertikale Kraft F_V zu zerlegen und diese über die Winkelfunktionen zu berechnen.

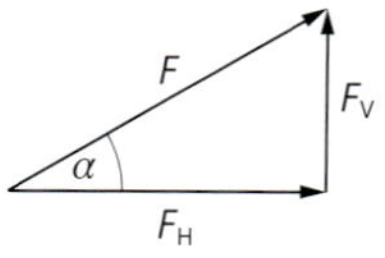

Beispiel 4

Gegeben: $F_1 = 12\ \text{kN}$ 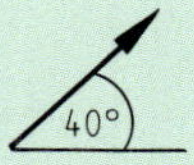 $F_2 = 18\ \text{kN} \longrightarrow$ $F_3 = 10\ \text{kN}$ 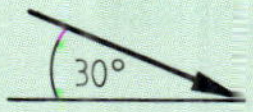

Gesucht: Größe und Richtung der Resultierenden

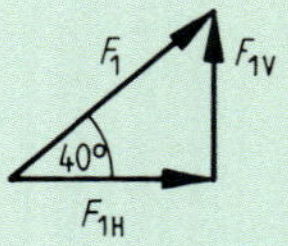

$$\sin\alpha = \frac{F_{1\,V}}{F_1} \qquad \cos\alpha = \frac{F_{1\,H}}{F_1}$$

$$F_{1\,V} = F_1 \cdot \sin 40° = 12\ \text{kN} \cdot 0{,}6428 \qquad F_{1\,H} = F_1 \cdot \cos 40° = 12\ \text{kN} \cdot 0{,}7660$$

$$F_{1\,V} = 7{,}71\ \text{kN} \uparrow \qquad F_{1\,H} = 9{,}19\ \text{kN} \rightarrow$$

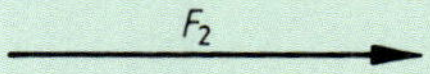

$$F_{2\,V} = 0 \qquad F_{2\,H} = 18\ \text{kN} \rightarrow$$

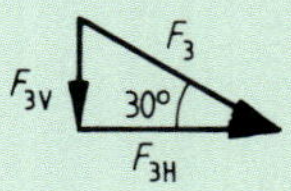

$$\sin\beta = \frac{F_{3\,V}}{F_3} \qquad \cos\beta = \frac{F_{3\,H}}{F_3}$$

$$F_{3\,V} = F_3 \cdot \sin 30° = 10\ \text{kN} \cdot 0{,}500 \qquad F_{3\,H} = F_3 \cdot \cos 30° = 10\ \text{kN} \cdot 0{,}8660$$

$$F_{3\,V} = 5\ \text{kN} \downarrow \qquad F_{3\,H} = 8{,}66\ \text{kN} \rightarrow$$

Alle senkrechten Kräfte liegen in einer Wirkungslinie und können deshalb addiert werden, ebenso alle waagerechten Kräfte.

Summe der Vertikalkräfte
(unter Berücksichtigung ihrer Richtung)

$$F_{Rv} = F_{1v} + F_{2v} - F_{3v}$$
$$= 7{,}71\ \text{kN} + 0 - 5\ \text{kN}$$
$$F_{Rv} = 2{,}71\ \text{kN} \uparrow$$

Summe der Horizontalkräfte

$$F_{RH} = F_{1H} + F_{2H} + F_{3H}$$
$$= 9{,}19\ \text{kN} + 18\ \text{kN} + 8{,}66\ \text{kN}$$
$$F_{RH} = 35{,}85\ \text{kN} \rightarrow$$

Zusammensetzung von F_{Rv} und F_{RH} zur Resultierenden F_R

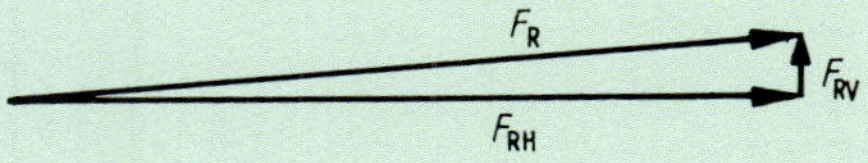

Lösung über den Lehrsatz des Pythagoras

$$F_R^2 = F_{Rv}^2 + F_{RH}^2$$
$$= 2{,}71^2\ \text{kN}^2 + 35{,}85^2\ \text{kN}^2$$
$$= 7{,}344\ \text{kN}^2 + 1285{,}223\ \text{kN}^2$$
$$F_R = \sqrt{1292{,}567\ \text{kN}^2}$$
$$F_R = 35{,}95\ \text{kN}$$

Aufgaben

14. Ermitteln Sie zeichnerisch und rechnerisch die Resultierende.

a) $F_1 = 30$ kN ↓
$F_2 = 25$ kN ↓
$F_3 = 40$ kN ↓

b) $F_1 = 0{,}1$ MN →
$F_2 = 0{,}25$ MN →
$F_3 = 0{,}07$ MN →

c) $F_1 = 27$ kN ↓
$F_2 = 15$ kN ↓
$F_3 = 12$ kN ↓
$F_4 = 18$ kN ↑

d) $F_1 = 0{,}3$ MN 60°
$F_2 = 0{,}20$ MN 70°
$F_3 = 0{,}45$ MN 40°

e) $F_1 = 22$ kN 60°
$F_2 = 12{,}5$ kN ↓
$F_3 = 18$ kN 35°

f) $F_1 = 0{,}07$ MN 10°
$F_2 = 0{,}01$ MN →
$F_3 = 0{,}04$ MN ←

15. Ermitteln Sie zeichnerisch und rechnerisch Größe und Richtung der resultierenden Gegenkraft.

a) $F_1 = 33$ kN 45°
$F_2 = 19$ kN 80°
$F_3 = 25$ kN 60°

b) $F_1 = 15$ kN 15°
$F_2 = 15$ kN 15°
$F_3 = 17$ kN ↓

c) $F_1 = 0{,}6$ MN →
$F_2 = 0{,}35$ MN ←
$F_3 = 0{,}4$ MN 10°

16. Ermitteln Sie zeichnerisch und rechnerisch die Resultierende.

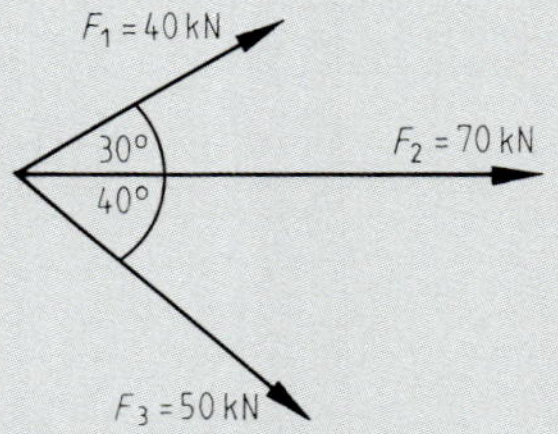

17. Ermitteln Sie zeichnerisch die Resultierende und führen Sie rechnerisch die Kontrolle durch.

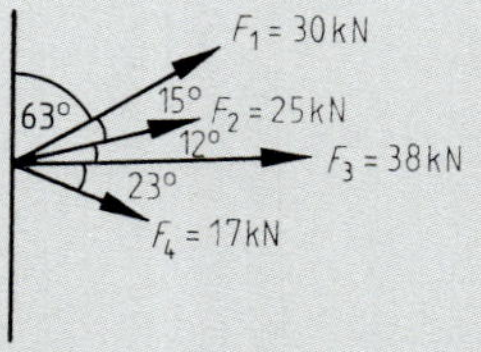

18. Ermitteln Sie zeichnerisch und rechnerisch die Druck- bzw. Zugkräfte in den Streben S_1 und S_2.

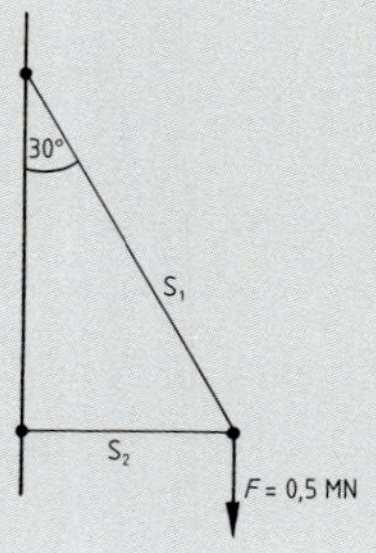

19. Die Druck- bzw. Zugkräfte in den Streben S_1 und S_2 sind zeichnerisch und rechnerisch zu ermitteln.

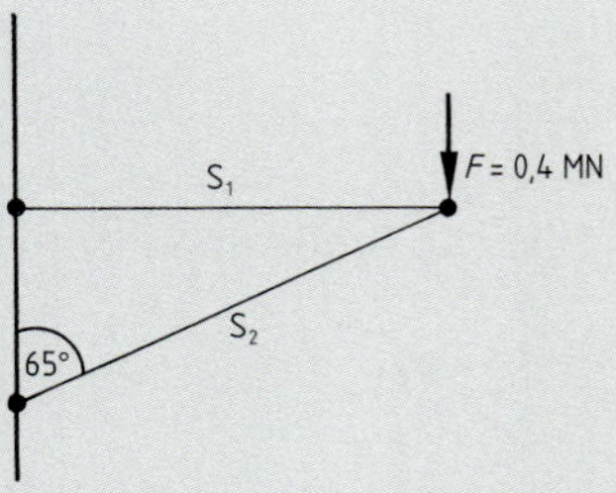

20. Am Ausleger eines Krans wirkt eine Kraft von 200 kN. Ermitteln Sie zeichnerisch und rechnerisch die Kräfte in den Streben S_1 und S_2.

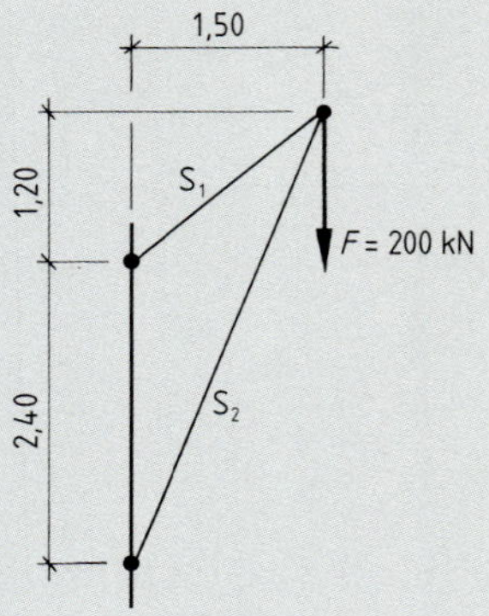

21. Unter welchem Winkel α muss die Strebe S_1 geneigt sein, wenn der auf Druck belastete Stab nur halb so stark belastet werden soll wie der auf Zug?

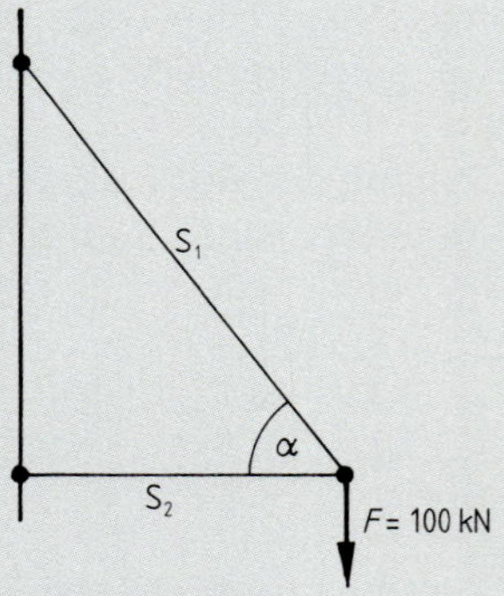

22. a) Wie groß darf F höchstens sein, wenn die Streben S_1 und S_2 je 3,5 kN aufnehmen können?

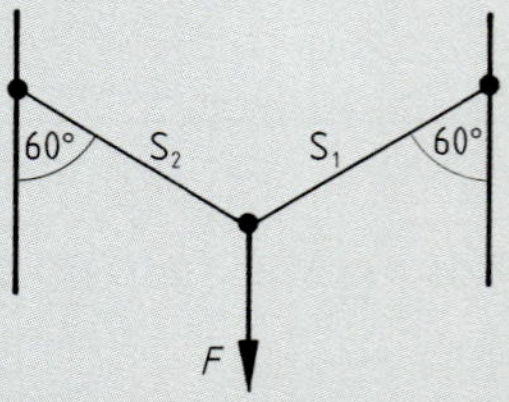

b) Wie groß wird F, wenn die Neigungswinkel 30° betragen?

23. Wie viel kN müssen die Streben S_1 und S_2 aufnehmen?

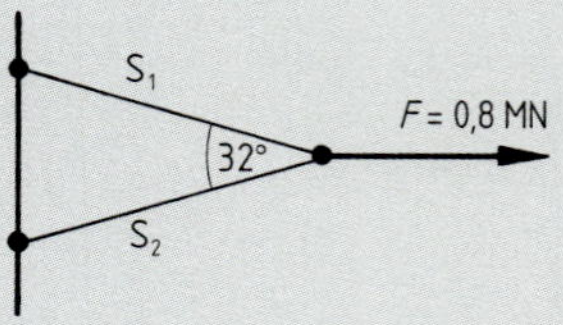

4 Hebelgesetze

Hebel

- **einseitiger Hebel**
- **zweiseitiger Hebel**

einseitiger Hebel

Beim einseitigen Hebel liegt der Drehpunkt **außerhalb** der Gewichtskraft (Last) und der angreifenden Kraft.
Beispiel: Schubkarren

zweiseitiger Hebel

Beim zweiseitigen Hebel liegt der Drehpunkt **zwischen** der Gewichtskraft (Last) und der angreifenden Kraft.
Beispiel: Spundwandzieher

Nach dem Hebelgesetz herrscht Gleichgewicht, wenn gilt:

Kraft · Kraftarm = Last · Lastarm

$$F_1 \cdot l_1 = F_2 \cdot l_2$$

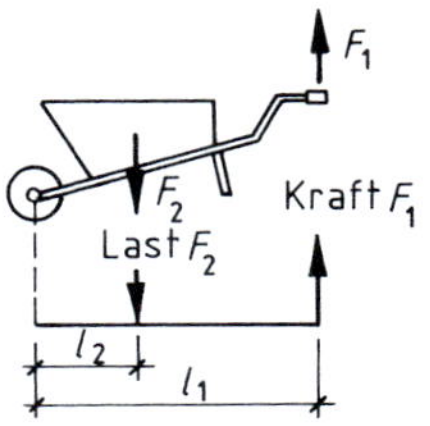

$F_1 \cdot l_1 = F_2 \cdot l_2$

Statisches System

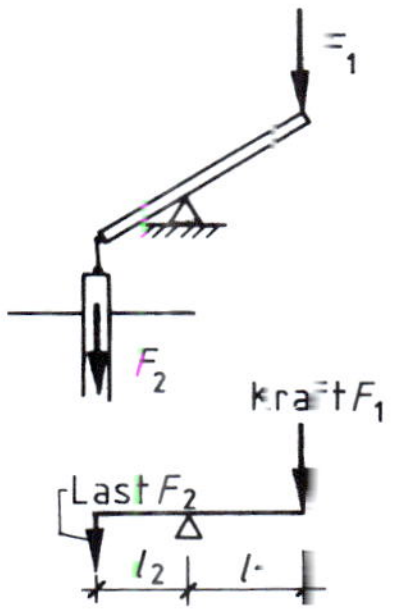

$F_1 \cdot l_1 = F_2 \cdot l_2$

Statisches System

Beispiel

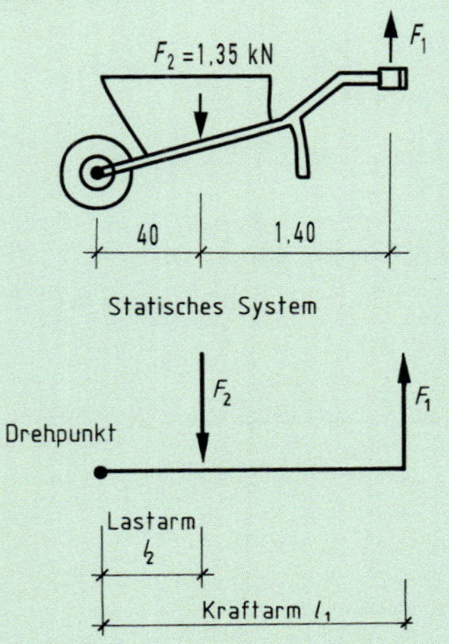

$$F_1 \cdot l_1 = F_2 \cdot l_2$$
$$F_1 \cdot 1{,}80\ \text{m} = 1{,}35\ \text{kN} \cdot 0{,}40\ \text{m}$$
$$F_1 = 0{,}30\ \text{kN}$$

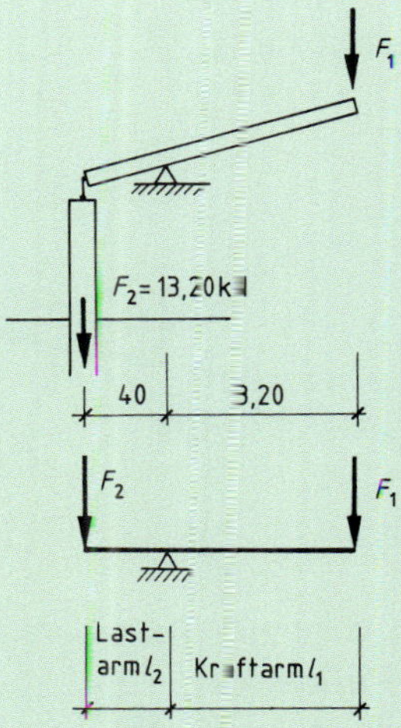

$$F_1 \cdot l_1 = F_2 \cdot l_2$$
$$F_1 \cdot 3{,}20\ \text{m} = 13{,}20\ \text{kN} \cdot 0{,}40\ \text{m}$$
$$F_1 = 1{,}65\ \text{kN}$$

Aufgaben

24. Wie groß ist die Reibungskraft des Nagels, wenn mit dem Nageleisen eine Kraft von 150 N aufgewendet werden muss?

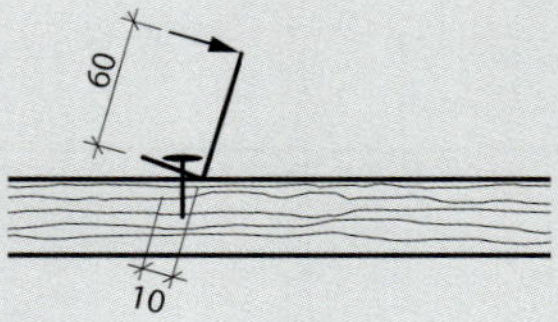

25. Welche Zugkraft wird auf die Verankerung übertragen, wenn die Person auf dem Sprungbrett eine Masse von 80 kg hat?

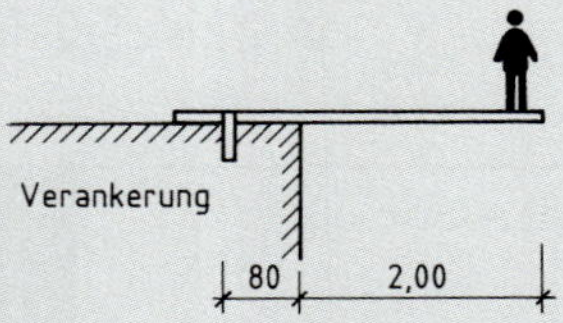

26. Um mit der Beißzange einen Draht zu trennen, ist eine Kraft von 540 N erforderlich.
Wie groß ist die Scherkraft der Zange?

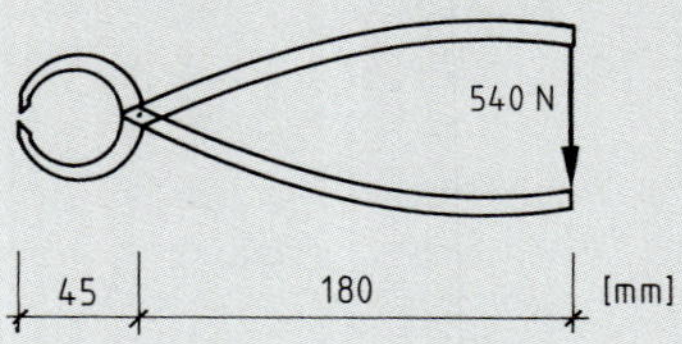

27. Um den Schubkarren anzuheben, ist eine Kraft von 450 N erforderlich. Mit welcher Last ist der Schubkarren beladen?

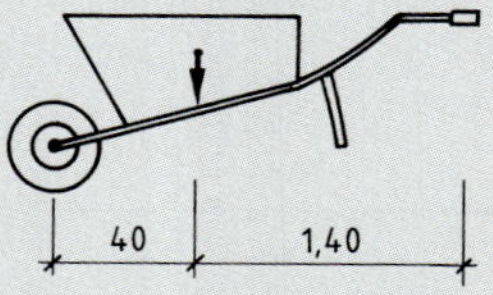

28. Mit dem Schubkarren soll ein Betonfertigteil mit einer Eigenlast von $F_2 = 1{,}6$ kN transportiert werden.

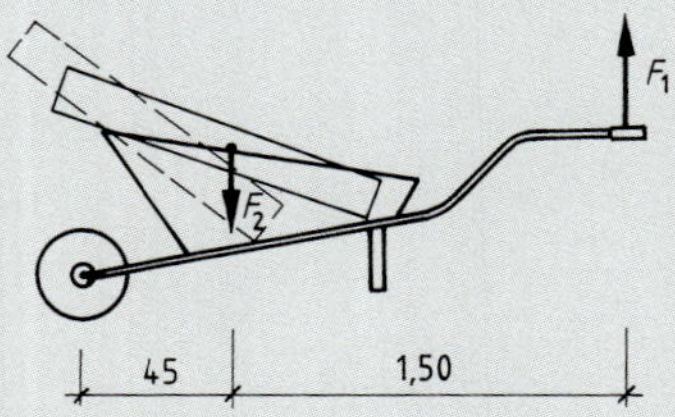

a) Welche Kraft ist zum Anheben des Schubkarrens erforderlich?

b) Um wie viel N verringert sich die aufzuwendende Kraft, wenn durch Verschieben des Betonfertigteils im Schubkarren der Schwerpunkt der Last nur noch 24 cm von der Radachse entfernt ist?

29. Die Masse und der Reibungswiderstand eines Brunnenrohres ergeben zusammen die Kraft F_2, die beim Ziehen des Rohres mit einem Hebel überwunden werden muss.

a) Wie groß ist die aufzuwendende Kraft F_1?

b) Um wie viel N ändert sich die aufzuwendende Kraft, wenn nur ein Balken mit der Länge von 4,00 m zur Verfügung steht und der Lastarm nicht verändert werden kann?

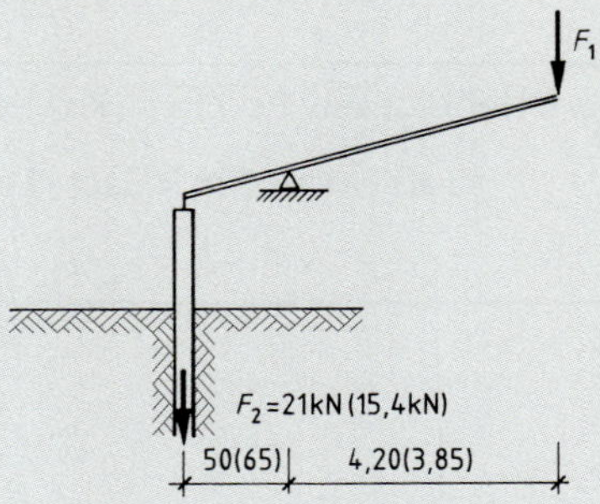

30. Personen und Baumaterialien belasten das Auslegergerüst mit je $F = 2200$ N.
Welche Zugkraft muss die Verankerung aufnehmen?

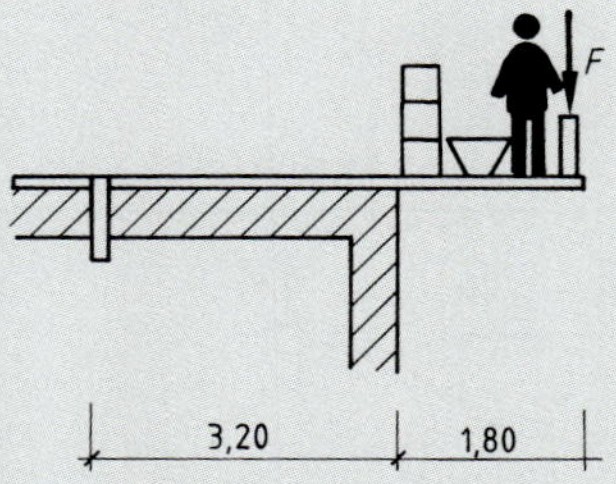

31. Welche Last in kN kann vom Kran bei vollem Ausfahren höchstens gehoben werden?

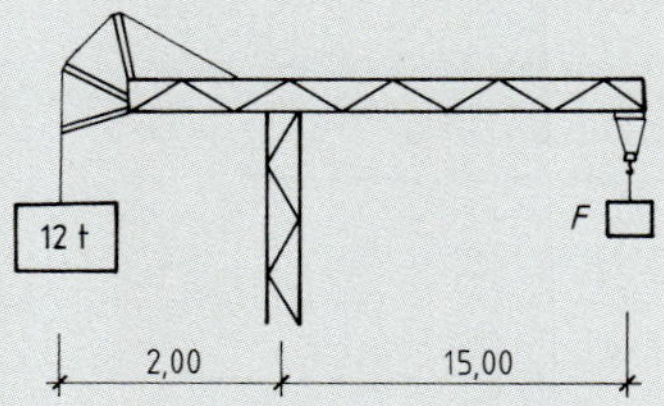

5 Auflagerkräfte

Werden die Bauteile eines Hauses wie Decken, Sparren, Balken, Fensterstürze berechnet, also Bauteile, die eine Öffnung überspannen, so müssen dabei immer die Auflagerkräfte dieser Bauteile ermittelt werden. Diese Kräfte werden auf Dachpfosten, Wände und Fundamente übertragen und von dort in den Baugrund abgeleitet.

Als Stützweite ist näherungsweise die um ein Drittel der beiden Auflagerlängen vergrößerte lichte Weite anzusetzen. Bei sehr großer Auflagerlänge ist die um 5 % vergrößerte lichte Weite zu verwenden. Bei unterschiedlichen Werten ist der kleinere maßgebend.

5.1 Träger mit Einzellasten

Beispiel 1

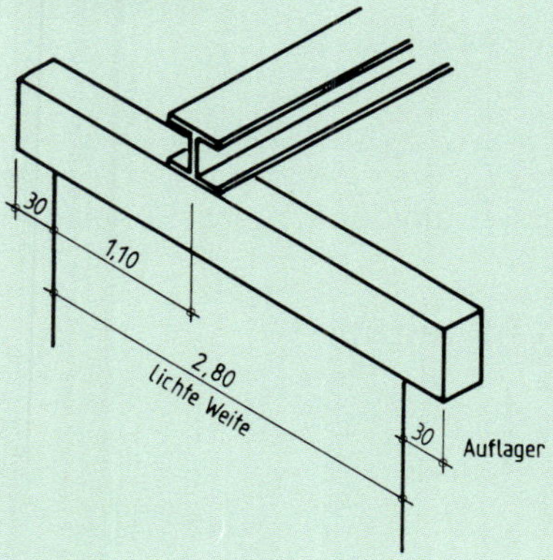

In einem Abstand von 1,10 m von der linken Laibung der Fensteröffnung liegt auf einem Betonsturz ein I-Träger und überträgt eine Last von $F = 550$ kN.
Wie groß werden die Auflagerkräfte unter dem Betonsturz, wenn die Eigenlast des Betonsturzes nicht berücksichtigt wird?

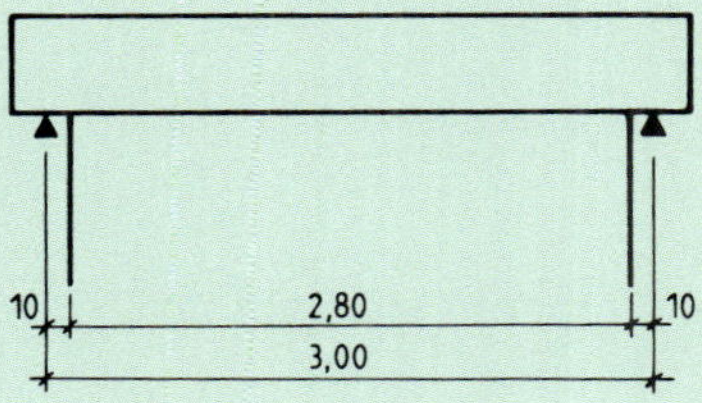

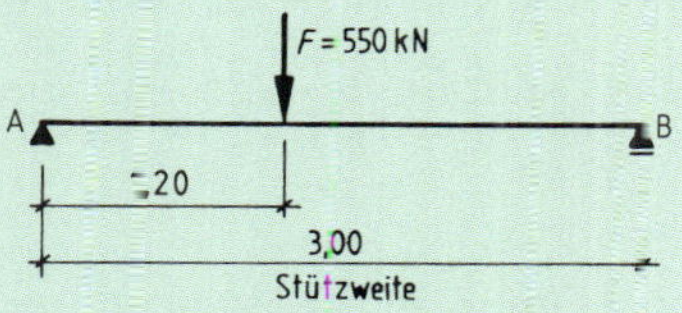

Zeichnerische Lösung
Der Träger ist hierzu in einem bestimmten Maßstab zu zeichnen. Die Kraft oder die Kräfte, die auf ihn wirken, werden außerhalb in einem Kräfteplan aufgetragen.

Kräftelageplan
1 cm ≙ 0,50 m

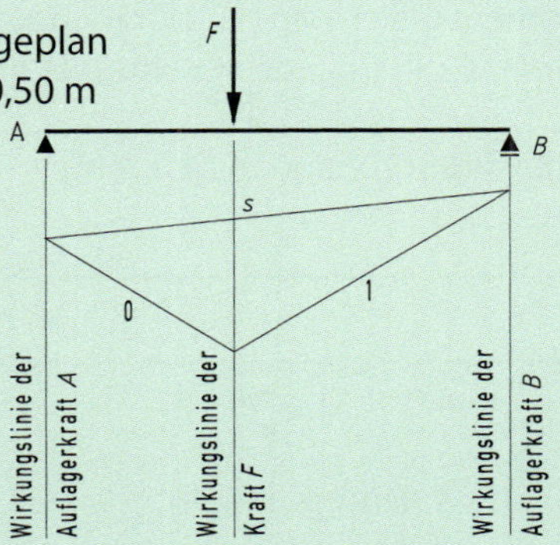

Kräfteplan
1 cm ≙ 100 kN

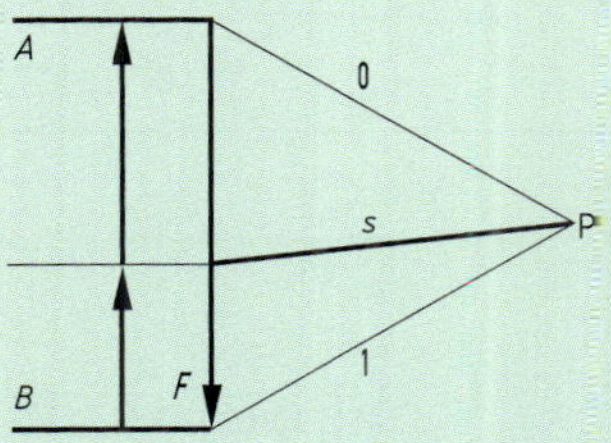

Im Kräftelageplan werden Linien in Richtung der Auflagerkräfte *A* und *B* sowie der Last *F* eingezeichnet. Diese werden Wirkungslinien dieser Kräfte genannt.

Im Kräfteplan wird ein Pol P in beliebiger Lage gewählt. Von ihm werden zum Anfangs- und Endpunkt der Kraft (oder bei mehreren Kräften zu jeder Kraft) Linien, sogenannte Polstrahlen 0 und 1 gezogen und parallel in den Kräftelageplan übertragen. Der Polstrahl 0 beginnt in beliebiger Höhe auf der Wirkungslinie des Auflagers A und geht bis zur Wirkungslinie der Kraft *F*. Im Schnittpunkt von Polstrahl 0 und der Wirkungslinie der Kraft *F* wird der Polstrahl 1 angeschlossen und zum Schnitt mit der Wirkungslinie des Auflagers B gebracht. Die Schlusslinie *s* wird durch P gehend parallel in den Kräfteplan übertragen. Sie teilt hier die Kraft *F* in zwei Teile; den oberen Teil, der der Auflagerkraft *A*, und den unteren Teil, der der Auflagerkraft *B* entspricht (rechnerische Lösung siehe nächste Seite).

Moment

Für die Berechnung der Auflagerkräfte werden die Hebelgesetze genutzt. Verursachen Kräfte an einem Hebel drehende Bewegungen, so wird von Momenten gesprochen. Ein statisches Moment ist das Produkt aus der Kraft F und dem Hebelarm l. Hebelarm und Kraftrichtung müssen senkrecht aufeinander stehen.

Moment = Kraft · Hebelarm

$$M = F \cdot l$$

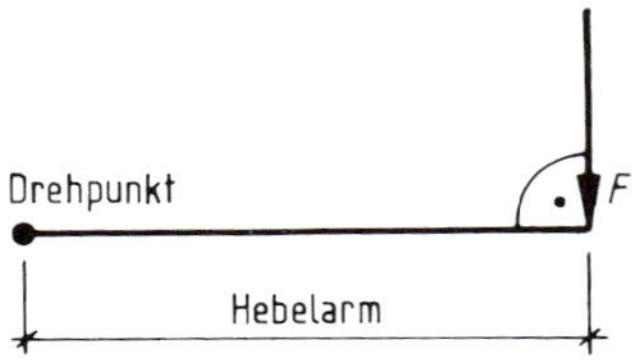

An einem Träger auf zwei Stützen bewirken sowohl die angreifenden Kräfte F als auch die diesen widerstehenden Kräfte A und B ein Moment.

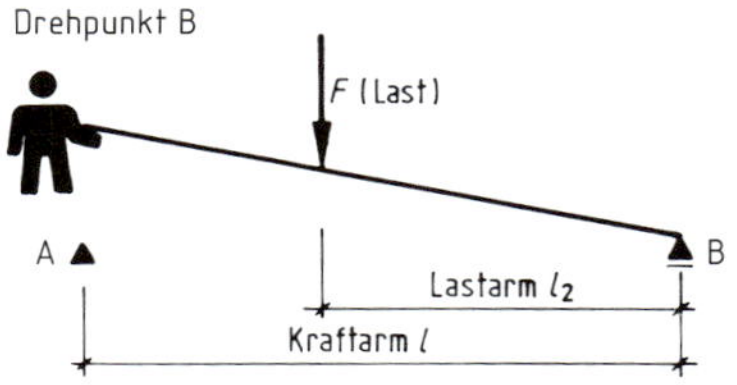

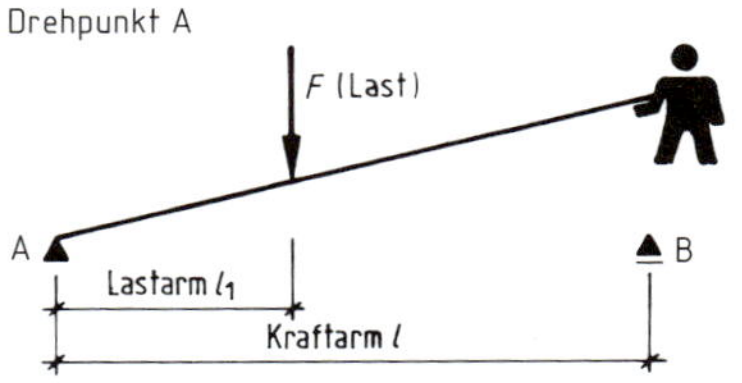

Wenn jetzt bestimmt werden soll, wie viel Kraft A und B aufwenden müssen, um den Träger in Ruhelage zu halten, so wird dies nach dem Hebelgesetz bestimmt.

Kraft · Kraftarm	=	Last · Lastarm	Kraft · Kraftarm	=	Last · Lastarm
$A \cdot l$	=	$F \cdot l_2$	$B \cdot l$	=	$F \cdot l_1$

Betrachtet man die Drehrichtung der Momente, so ergibt sich

$A \cdot l$	=	$F \cdot l_2$	$B \cdot l$	=	$F \cdot l_1$
$M\curvearrowright$	=	$M\curvearrowleft$	$M\curvearrowleft$	=	$M\curvearrowright$
rechtsdrehend		linksdrehend	linksdrehend		rechtsdrehend

Da es sich um eine Gleichung handelt, ist das rechtsdrehende Moment gleich dem linksdrehenden. Wirkt an einem Träger mehr als nur eine Kraft, also eine Summe von Kräften, so gilt für jeden Drehpunkt die Formel

Summe aller rechtsdrehenden Momente = Summe aller linksdrehenden Momente

$$\Sigma M\curvearrowright = \Sigma M\curvearrowleft$$

Beispiel 1 (Fortsetzung)

Rechnerische Lösung

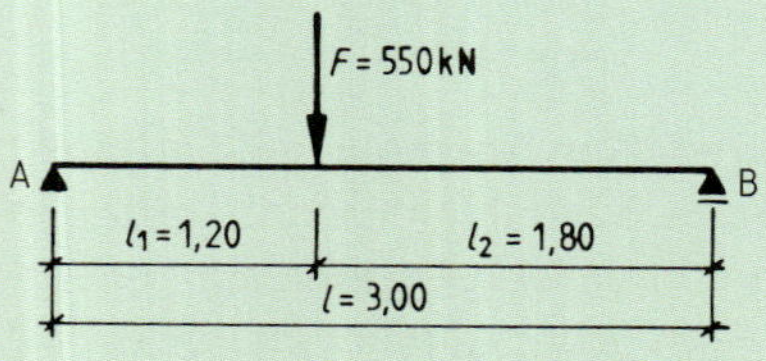

Drehpunkt B

$$\Sigma M\curvearrowright = \Sigma M\curvearrowleft$$

$$A \cdot l = F \cdot l_2$$

$$A \cdot 3{,}00\ \text{m} = 550\ \text{kN} \cdot 1{,}80\ \text{m}$$

$$A = \frac{550\ \text{kN} \cdot 1{,}80\ \text{m}}{3{,}00\ \text{m}}$$

$$A = 330\ \text{kN}$$

Drehpunkt A

$$\Sigma M\curvearrowright = \Sigma M\curvearrowleft$$

$$F \cdot l_1 = B \cdot l$$

$$550\ \text{kN} \cdot 1{,}20\ \text{m} = B \cdot 3{,}00\ \text{m}$$

$$B = \frac{550\ \text{kN} \cdot 1{,}20\ \text{m}}{3{,}00\ \text{m}}$$

$$B = 220\ \text{kN}$$

Probe: $F = A + B$ 550 kN = 330 kN + 220 kN

Beispiel 2

Ermittlung der Auflagerkräfte *A* und *B*
a) zeichnerisch,
b) rechnerisch.

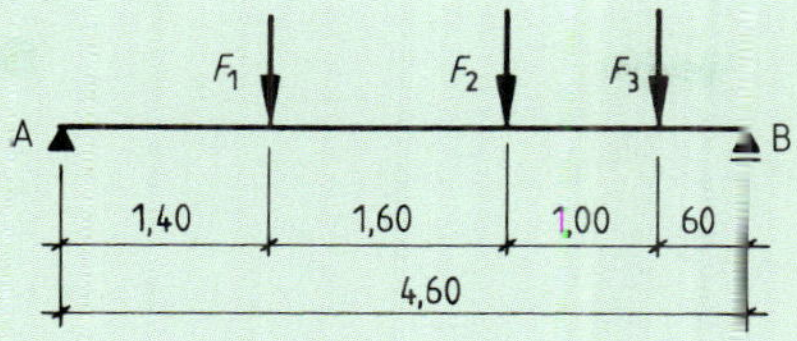

$F_1 = 300$ kN
$F_2 = 450$ kN
$F_3 = 900$ kN

a) **Zeichnerische Lösung**
Kräftelageplan 1 : 50

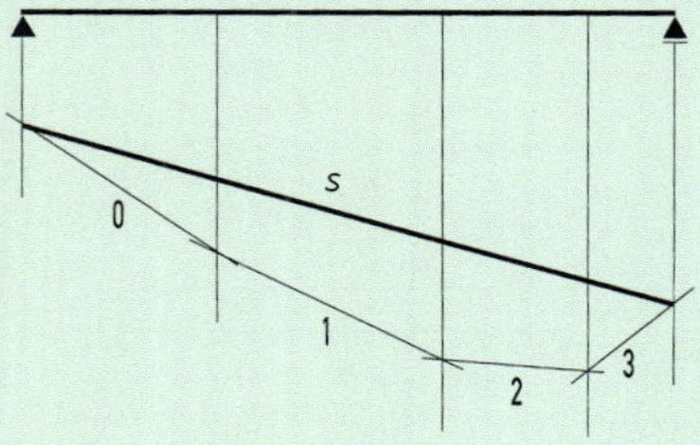

Kräfteplan
1 cm ≙ 300 kN

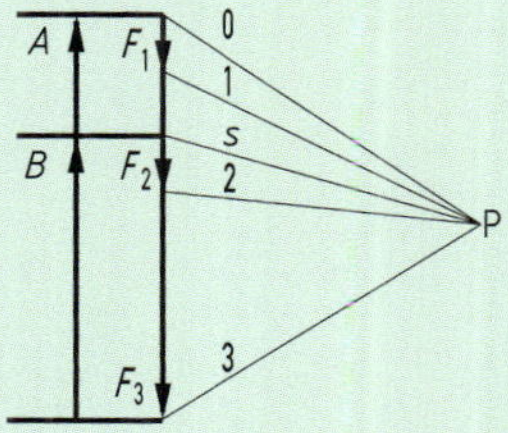

gemessen: $A = 500$ kN
$B = 1150$ kN

b) **Rechnerische Lösung**

Drehpunkt B

$\Sigma M\curvearrowleft = \Sigma M\curvearrowright$

$A \cdot 4{,}60\text{ m} = F_1 \cdot 3{,}20\text{ m} + F_2 \cdot 1{,}60\text{ m} \cdot F_3 \cdot 0{,}60\text{ m}$

$$A = \frac{2220\text{ kN} \cdot \text{m}}{4{,}60\text{ m}}$$

$A = 482{,}60$ kN

Drehpunkt A

$\Sigma M\curvearrowleft = \Sigma M\curvearrowright$

$F_1 \cdot 1{,}40\text{ m} + F_2 \cdot 3{,}00\text{ m} + F_3 \cdot 4{,}00\text{ m} = B \cdot 4{,}60\text{ m}$

$$B = \frac{5370\text{ kN} \cdot \text{m}}{4{,}60\text{ m}}$$

$B = 1167{,}40$ kN

Probe: Summe der Aktionskräfte = Summe der Reaktionskräfte

$$F_1 + F_2 + F_3 = A + B$$

$$300\text{ kN} + 450\text{ kN} + 900\text{ kN} = 482{,}60\text{ kN} + 1167{,}40\text{ kN}$$
$$1650\text{ kN} = 1650\text{ kN}$$

5.2 Träger mit Gleichstreckenlast

Beispiel 3

Holzbalkendecke:

Deckeneigenlast	1,50 kN/m²	Balkenlänge	3,20 m
Belastung	2,00 kN/m²	Balkenabstand	0,70 m

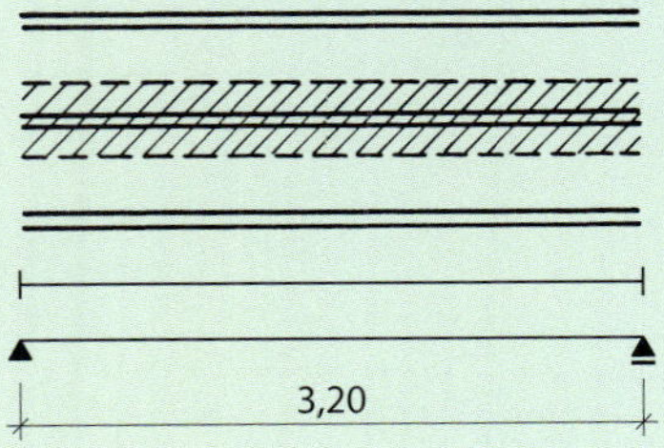

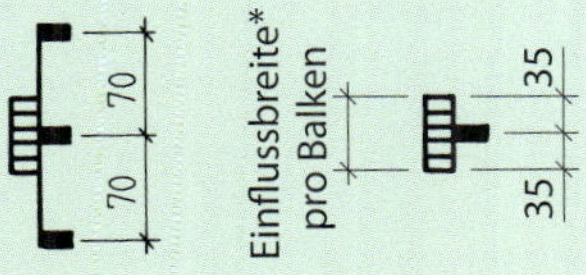

* Die Einflussbreite ist die Breite, in der die Last auf den Balken wirkt.

In vielen Fällen, z. B. bei Dächern und Decken, kann man nicht mit Einzellasten rechnen, sondern mit gleichmäßig über die ganze Fläche verteilten Lasten. Möbel und Menschen haben in einer Wohnung keinen unveränderlichen Platz, sondern können sich an jeder beliebigen Stelle eines Raumes befinden.

Beispiel 3 (Fortsetzung)

Belastung

Belastung eines Balkens pro Meter Länge

$2{,}00\,\frac{kN}{m^2} \cdot 0{,}70\ m = 1{,}40\,\frac{kN}{m}$

Deckeneigenlast pro Meter Länge

$1{,}50\,\frac{kN}{m^2} \cdot 0{,}70\ m = 1{,}05\,\frac{kN}{m}$

Die Gleichstreckenlast eines Balkens oder einer Decke setzt sich zusammen aus:

ständige Einwirkungen	g
+ veränderliche Einwirkungen	q
= Gesamtbelastung	$g + q$

Statisches System

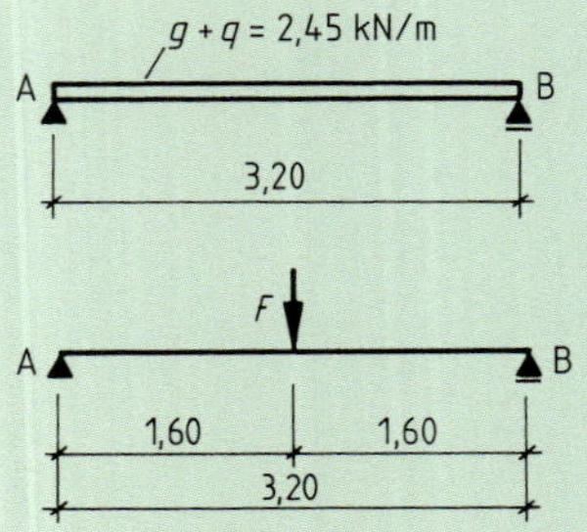

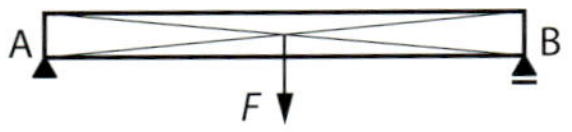

Rechnerisch wird die gleichmäßig verteilte Last zu einer Einzellast zusammengefasst und im Schwerpunkt angreifend in Rechnung gestellt.

$\boldsymbol{F = (g + q) \cdot l}$

Ersatzlast als Einzellast

$F = (g + q) \cdot l$

$= 2{,}45\,\frac{kN}{m} \cdot 3{,}20\ m$

$F = 7{,}84\ kN$

Vereinfachung

Geht bei einem Träger auf zwei Stützen die Gleichstreckenlast über das ganze Feld oder ist sie symmetrisch, so kann, weil jedes Auflager die gleiche Last aufzunehmen hat, auch folgendermaßen vorgegangen werden:

$\boldsymbol{A = B = \frac{(g + q) \cdot l}{2}}$

Drehpunkt B

$\Sigma M \curvearrowright = \Sigma M \curvearrowleft$

$A \cdot 3{,}20\ m = F \cdot 1{,}60\ m$

$A \cdot 3{,}20\ m = 7{,}84\ kN \cdot 1{,}60\ m$

$A = \frac{7{,}84\ kN \cdot 1{,}60\ m}{3{,}20\ m}$

$A = 3{,}92\ kN$

Drehpunkt A

$\Sigma M \curvearrowright = \Sigma M \curvearrowleft$

$F \cdot 1{,}60\ m = B \cdot 3{,}20\ m$

$7{,}84\ kN \cdot 1{,}60\ m = B \cdot 3{,}20\ m$

$B = \frac{7{,}84\ kN \cdot 1{,}60\ m}{3{,}20\ m}$

$B = 3{,}92\ kN$

Aufgaben

32. Ermitteln Sie zeichnerisch und rechnerisch die Größe der Auflagerkräfte in A und B.

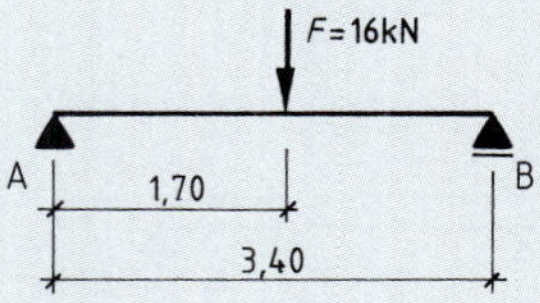

33. Ermitteln Sie die Größe der Auflagerkräfte
a) zeichnerisch,
b) rechnerisch.

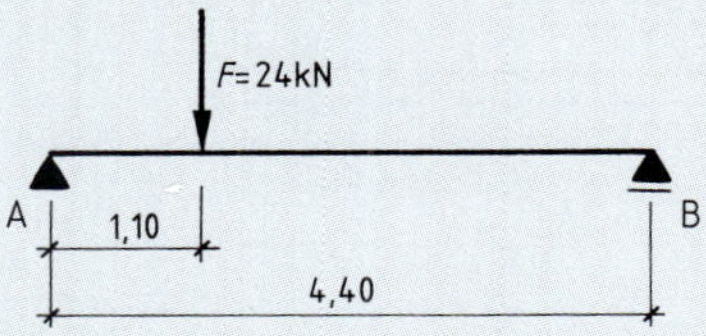

34. Berechnen Sie die Größe der Auflagerkräfte in A und B.

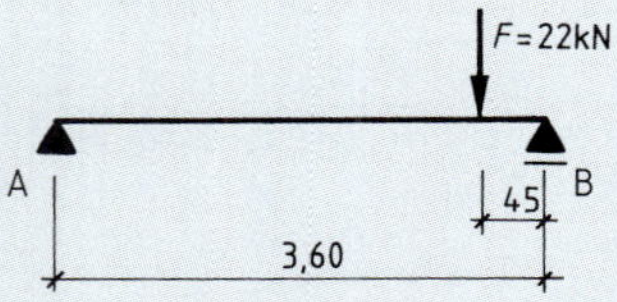

35. Berechnen Sie die Größe der Auflagerkräfte in A und B.

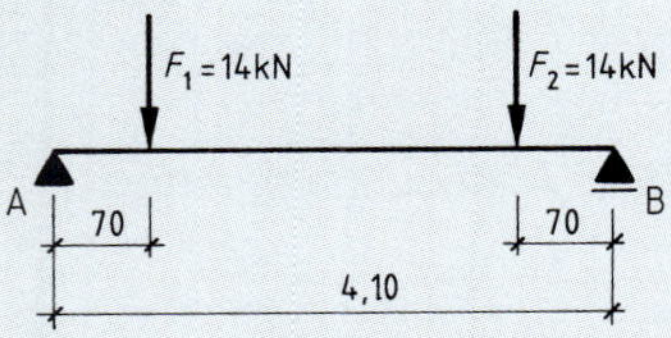

36. Ermitteln Sie die Größe der Auflagerkräfte zeichnerisch und überprüfen Sie das Ergebnis rechnerisch.

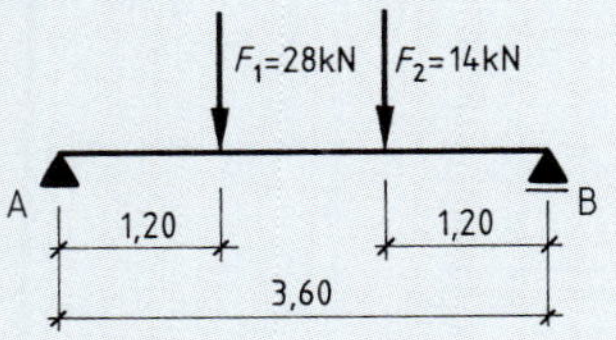

37. Ermitteln Sie zeichnerisch und rechnerisch die Größe der Auflagerkräfte.
a) $F_1 = 17$ kN; $F_2 = 23$ kN
b) $F_1 = 12$ kN; $F_2 = 18$ kN
c) $F_1 = 8$ kN; $F_2 = 16$ kN

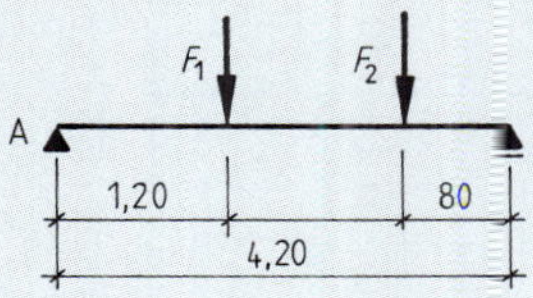

38. Ermitteln Sie zeichnerisch und rechnerisch die Größe der Auflagerkräfte.

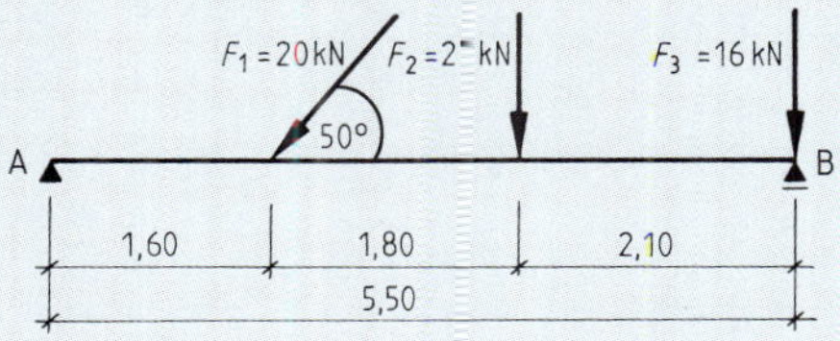

39. Wie groß sind die Auflagerkräfte in A und B?
a) $F_1 = 12$ kN; $F_2 = 16$ kN; $F_3 = 15$ kN
b) $F_1 = 8$ kN; $F_2 = 4$ kN; $F_3 = 12$ kN
c) $F_1 = 0{,}04$ MN; $F_2 = 0{,}03$ MN; $F_3 = 0{,}?5$ MN

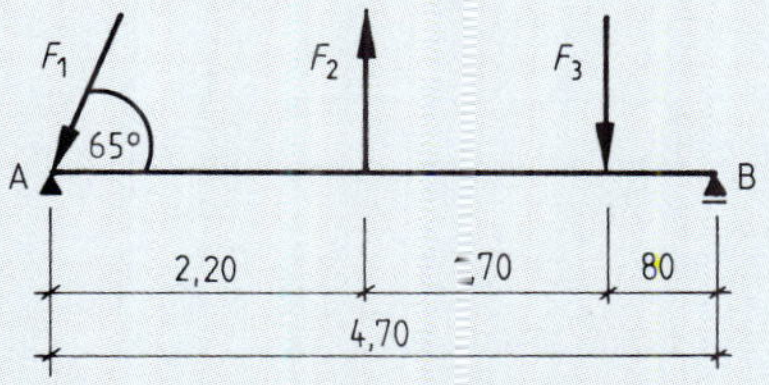

40. Ermitteln Sie die Auflagerkräfte *A* und *B*.

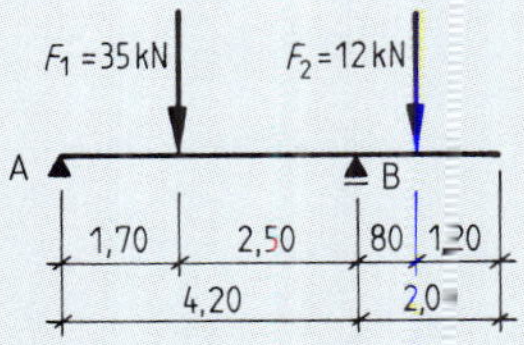

41. Ermitteln Sie die Auflagerkräfte *A* und *B*.

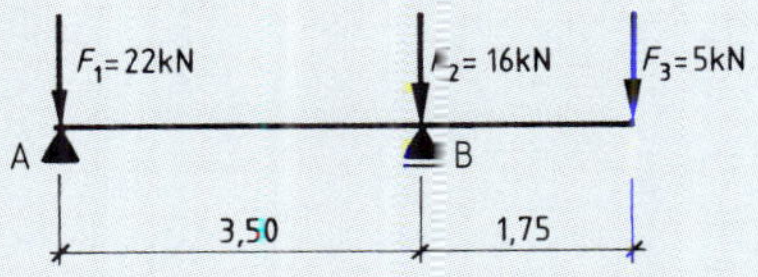

Aufgaben

42. Wie groß sind die Auflagerkräfte in A und B?

$F_1 = 8$ kN $F_4 = 28$ kN
$F_2 = 22$ kN $F_5 = 12$ kN
$F_3 = 35$ kN $F_6 = 5$ kN

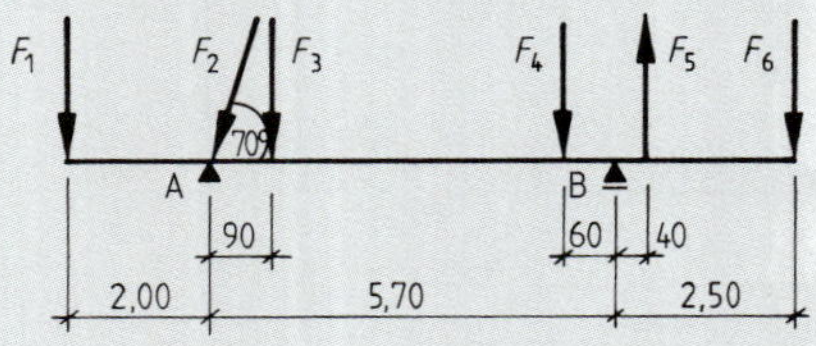

43. Wie groß darf die Kraft F_2 höchstens werden, damit der Balken in A nicht abhebt?

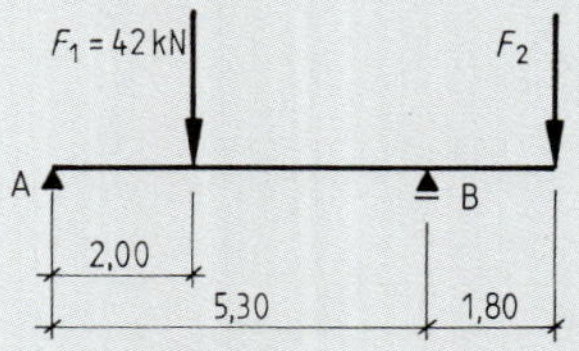

44. Wie lang darf der Kragarm höchstens werden, wenn der Träger vom Auflager B nicht abheben darf?

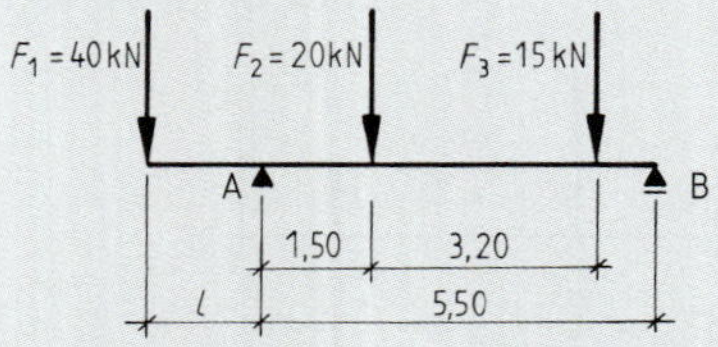

45. Ermitteln Sie die Auflagerkräfte in A und B.

a) $g + q = 2{,}25$ kN/m
b) $g + q = 2{,}45$ kN/m

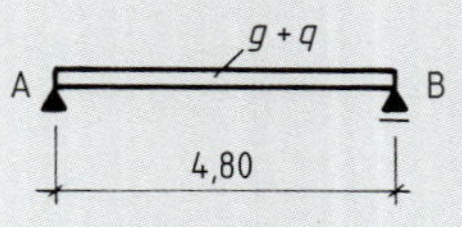

46. Berechnen Sie die Größe der Auflagerkräfte.

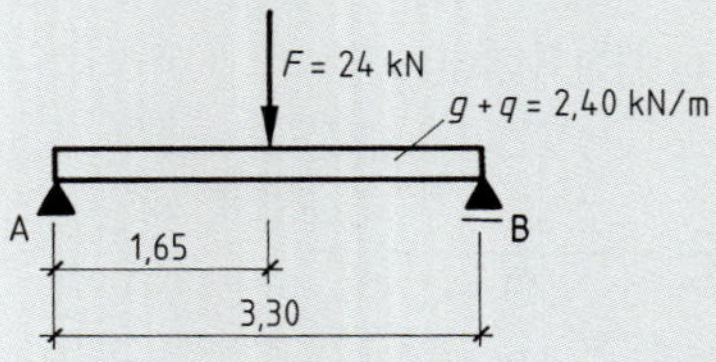

47. Wie groß sind die Auflagerkräfte in A und B?

a) $F = 16$ kN $g + q = 2{,}20$ kN/m
b) $F = 22$ kN $g + q = 2{,}15$ kN/m

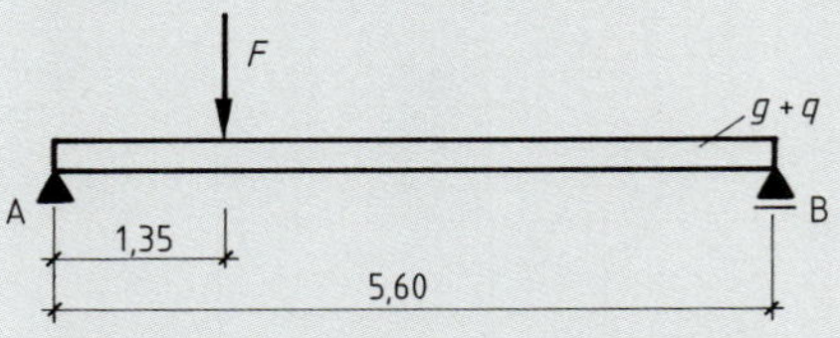

48. Berechnen Sie die Auflagerkräfte.

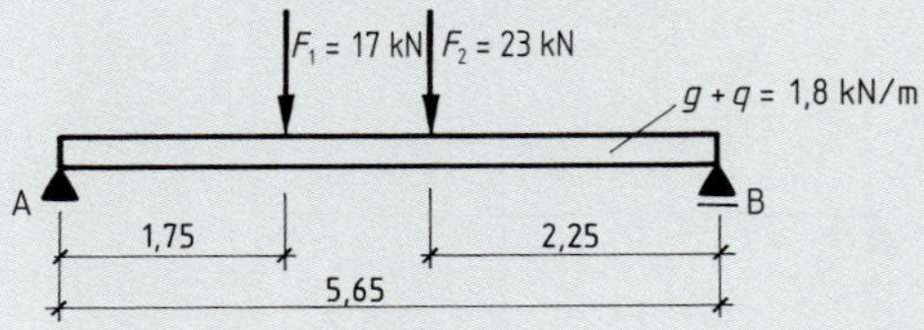

49. Berechnen Sie die Auflagerkräfte.

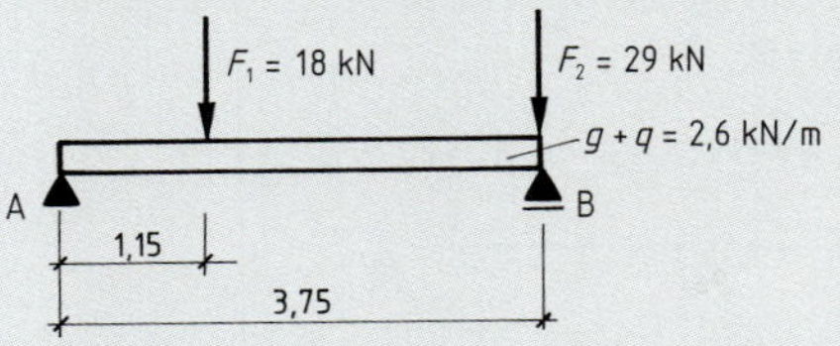

50. Wie groß sind die Auflagerkräfte?

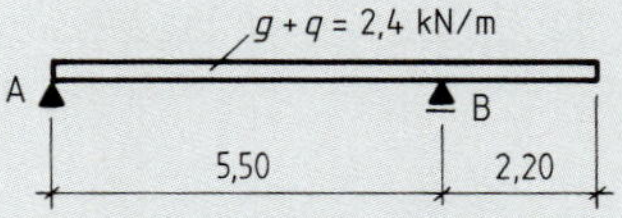

51. Ermitteln Sie die Auflagerkräfte *A* und *B*.

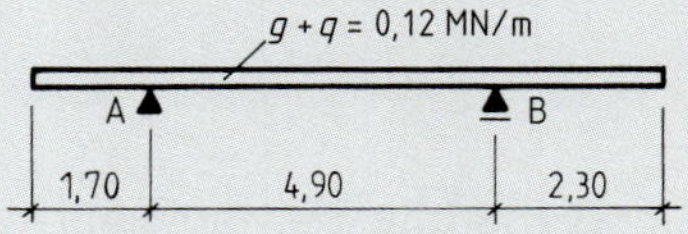

52. Wie groß darf die Gleichstreckenlast $g + q$ werden, wenn die Auflager A und B je 18,2 kN aufnehmen können?

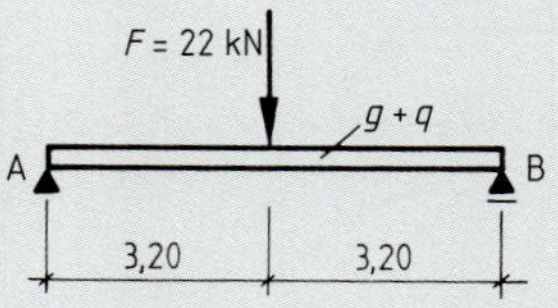

Aufgaben

53. Die Auflager A und B dürfen je bis zu 25 kN Last aufnehmen. Wie groß darf F höchstens sein?

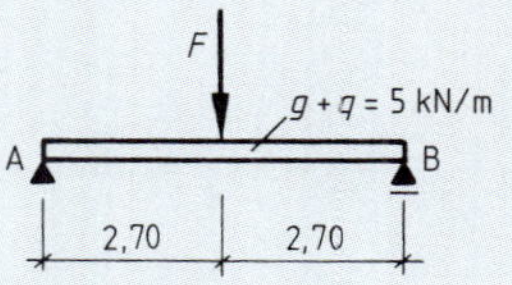

54. Ermitteln Sie die Auflagerkräfte an der Stufe einer Außentreppe.

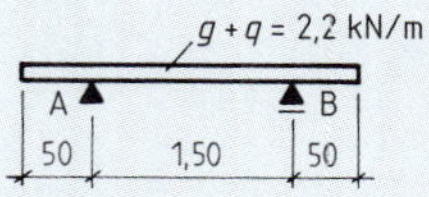

55. Wie groß sind die Auflagerkräfte in A und B?

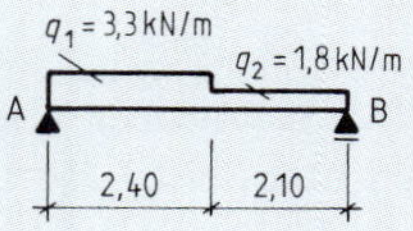

(ständige Einwirkungen bleiben unberücksichtigt)

56. a) Ermitteln Sie die Auflagerkräfte in A und B.
b) Wie lang könnte der Kragarm werden, bis der Träger sich vom Auflager A abzuheben beginnt?

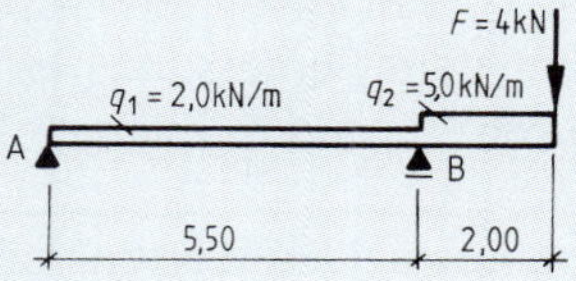

(ständige Einwirkungen bleiben unberücksichtigt)

57. Wie viel m vom Auflager A entfernt muss die Kraft F_2 angreifen, damit das Auflager A nur 1/3 der Last des Auflagers B erhält?

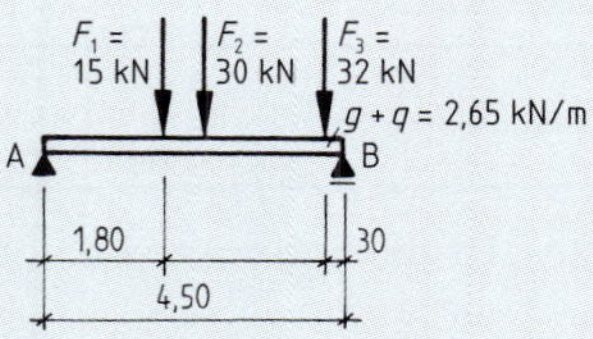

58. Wie groß sind die Auflagerkräfte in A und B?

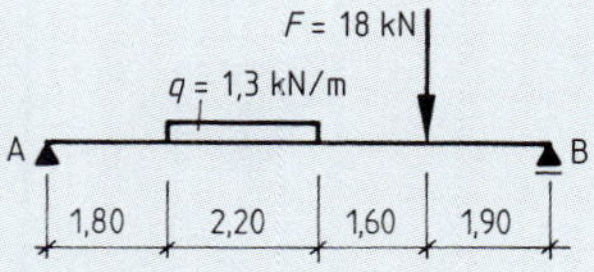

(ständige Einwirkungen bleiben unberücksichtigt)

59. a) Ermitteln Sie die Auflagerkräfte A und B.
b) Wie viel m vom Auflager A entfernt muss F angreifen, wenn beide Auflagerkräfte gleich groß werden sollen?

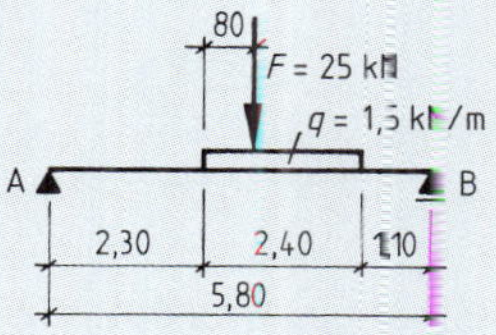

(ständige Einwirkungen bleiben unberücksichtigt)

60. Wie groß ist die Auflagerkraft an der Einspannstelle?

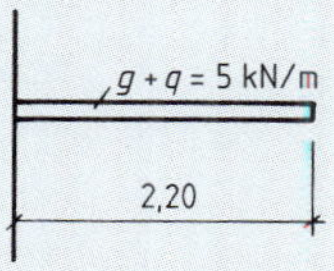

61. Holzbalkendecke

	Balkenlänge	3,70 m
	Belastung	1,80 kN/m²
	Eigenlast	1,40 kN/m²

Wie groß sind die Auflagerkräfte?

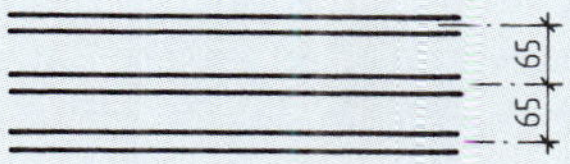

62. Holzbalkendecke

	Balkenlänge	4,00 m
	Belastung	2,20 kN/m²
	Eigenlast	1,50 kN/m²

Wie groß sind die Auflagerkräfte?

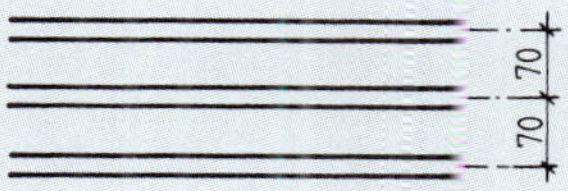

63. Ermitteln Sie die Auflagerkräfte der Stahlbetonrippendecke.

Rippenabstand	62,5 cm
Belastung	2,75 kN/m²
Eigenlast	3,25 kN/m²
Stützweite	7,00 m

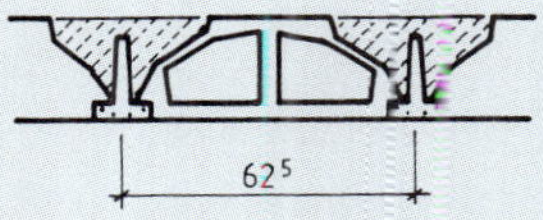

6 Spannung

Wird von außen auf einen Körper eine Kraft ausgeübt, so leistet er bis zu seinem Bruch einen inneren Widerstand. Dabei ist nicht nur die Größe der Kraft ausschlaggebend, sondern auch die Fläche, auf die sie wirkt.

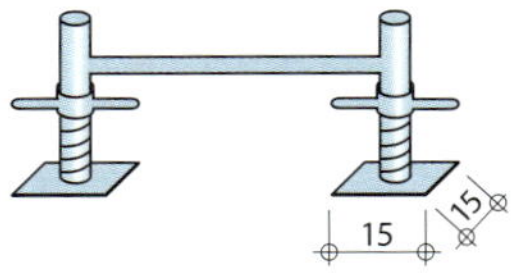

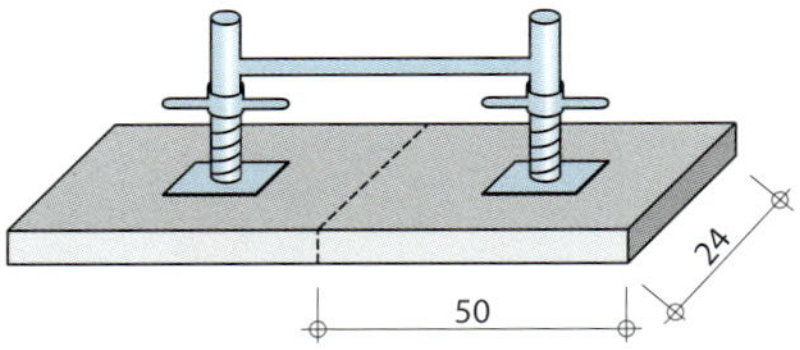

Die Spannung ist umgekehrt proportional zur Fläche, während sich die Spannung proportional zur Kraft verhält, also: je **kleiner** die Fläche, desto **größer** ist die Spannung,
je **größer** die Kraft, desto **größer** ist die Spannung.

Die Spannung ergibt sich aus der Kraft je Fläche.

$$\textbf{Spannung} = \frac{\textbf{Kraft}}{\textbf{Fläche}} \qquad \sigma = \frac{F}{A}$$

Bei der Spannung wird zwischen Druckspannung σ_c, Zugspannung σ_t und Schubspannung τ unterschieden. DIN EN ISO 80000 sieht für die Spannung die Einheit Pascal (Pa) vor. 1 Pa entspricht 1 N/m^2. Die in der Bautechnik noch üblichen Einheiten von 1 N/mm^2 bzw. 1 MN/m^2 entsprechen 1000000 Pa = 1 MPa (Megapascal).

Wenn ein Körper unter einer einwirkenden Kraft sein Höchstmaß an Widerstandsvermögen, d.h. seine Bruchspannung, erreicht hat, dann bricht er. Die Bauteile dürfen jedoch nicht bis zu ihrer Bruchspannung beansprucht werden, sonst würden unsere Bauwerke einstürzen. In DIN EN 1996 werden für die einzelnen Baustoffe charakteristische Werte der Druckfestigkeit vorgegeben, auf deren Grundlage der Bemessungswert der aufnehmbaren Normalkraft $N_{R,d}$ berechnet wird. Dieser wird mit dem Bemessungswert der einwirkenden Normalkraft (vorhandenen Last) $N_{E,d}$ verglichen (Berechnung von $N_{E,d}$ und $N_{R,d}$ siehe S. 31).

Die aufnehmbare Normalkraft muss stets größer als die einwirkende sein. Aus beiden Werten von $N_{E,d}$ und $N_{R,d}$ werden die jeweiligen Spannungen ermittelt.

$$\sigma_{zul} > \sigma_{vorh} \quad \textbf{mit} \quad \sigma_{zul} = \frac{N_{R,d}}{A} \quad \textbf{und} \quad \sigma_{vorh} = \frac{N_{E,d}}{A} \quad \textbf{und damit} \quad \frac{N_{E,d}}{N_{R,d}} \leq 1$$

Beispiel

Ein Mann mit einer Masse von 85 kg überträgt eine Last von 850 N. Wie groß ist die Spannung, wenn er
a) auf seinen Schuhen mit einer Fläche von 15000 mm^2/Schuh steht?
b) auf Skiern mit einer Fläche von 160000 mm^2/Ski steht?

a) $\sigma = \frac{F}{A}$

$= \frac{850\ \text{N}}{30000\ \text{mm}^2}$

$= 0{,}028$ N/mm^2 (MPa)

$\sigma = 28{,}33$ kN/m^2

große Spannung, leichtes Einsinken

b) $\sigma = \frac{F}{A}$

$= \frac{850\ \text{N}}{320000\ \text{mm}^2}$

$= 0{,}002656$ N/mm^2 (MPa)

$\sigma = 2{,}66$ kN/m^2

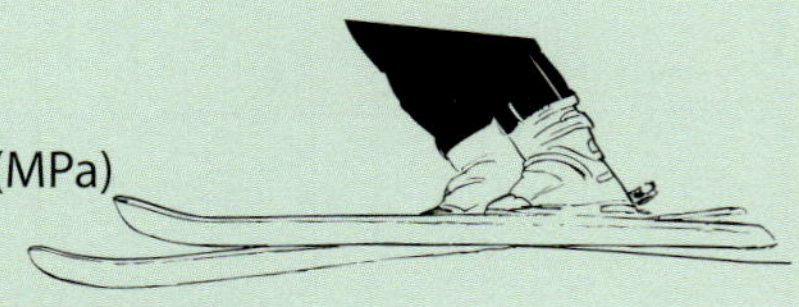

kleine Spannung, kaum Einsinken

Aufgaben

64. Ermitteln Sie
a) die Größe der Auflagerkräfte,
b) die Spannung bei einer Auflagerfläche von 24 × 16 cm.
$F_1 = 32$ kN; $F_2 = 19$ kN; $F_3 = 24$ kN

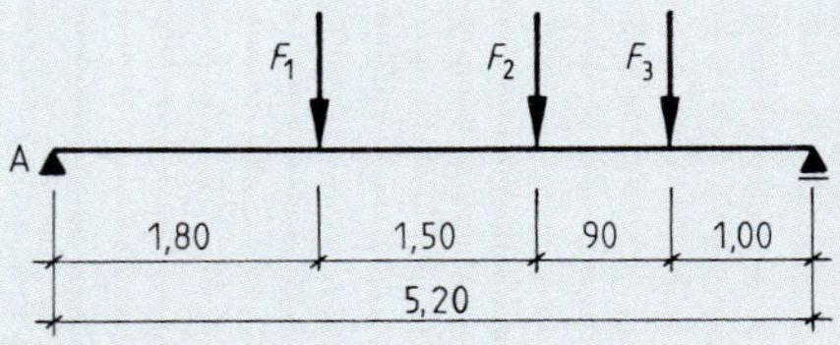

65. Der Träger und die Wand darunter haben eine Breite von 36,5 cm. Wie lang müssen die Auflager in A und B sein, wenn die zulässige Belastung des Mauerwerks $\sigma_{zul} = 1{,}2$ MPa (MN/m²) beträgt?

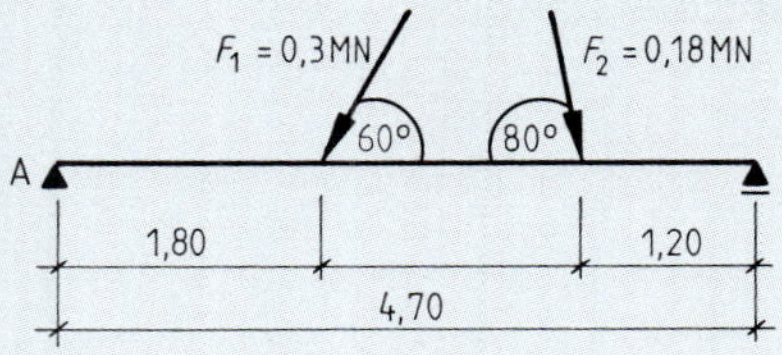

66. Die drei Stahlträger übertragen auf einen Träger HE-M (IPBv) 300 Lasten von: $F_1 = 120$ kN; $F_2 = 180$ kN; $F_3 = 140$ kN.
a) Wie groß sind die Auflagerkräfte in A und B?
b) Wie groß ist die Spannung am Auflager A, wenn der Träger 22 cm aufliegt?
c) Wie viel muss der Träger am Auflager B aufliegen, wenn die Spannung nicht größer als bei A sein soll?

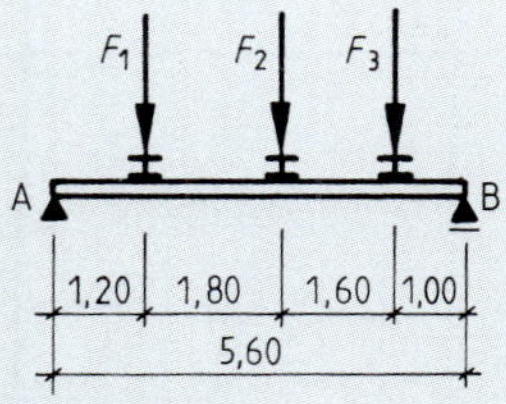

67. Der Untergurt eines Holzbinders C24 wird mit einer Zugkraft von 245 kN belastet. Welche Breite muss das Untergurtholz erhalten?

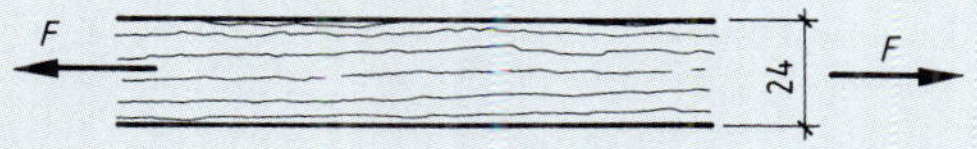

68. Welche Zugkraft F können die Balken, die durch ein gerades Hakenblatt verbunden sind, aufnehmen
a) auf Druck?
b) auf Abscheren?
c) Wie groß darf die Zugkraft höchstens werden?

69. Prüfen Sie nach, ob die zulässige Spannung eingehalten ist.

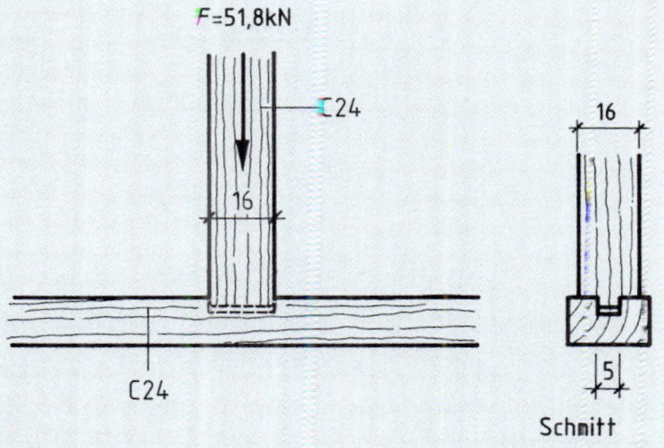

70. Wie groß ist die Last F_d, die vom Sparren auf die Knagge (C24) übertragen wird?

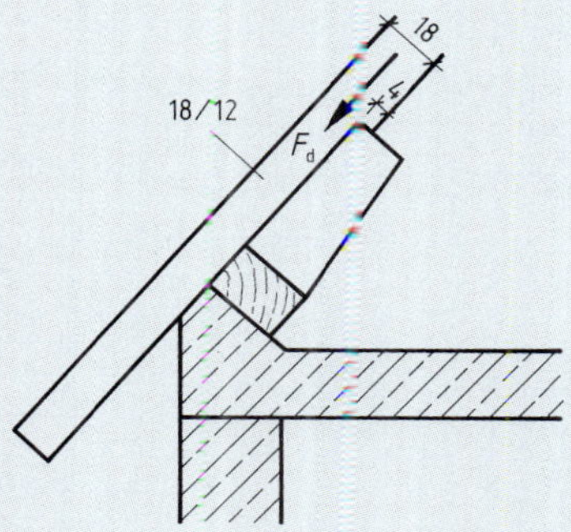

Aufgaben

71. Welche Druckkraft F_d kann durch den Pfosten auf die Schwelle übertragen werden?

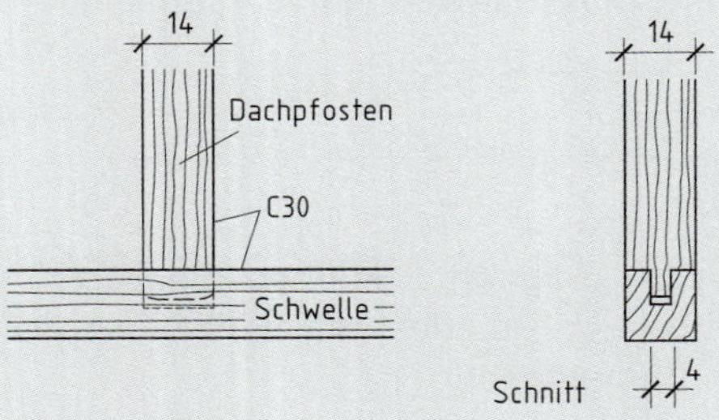

72. Der Zuganker in S235 JR eines Dachstuhls wird mit 85 kN belastet. Welchen Durchmesser muss der Zuganker haben, wenn die zulässige Zugspannung 235 N/mm² beträgt?

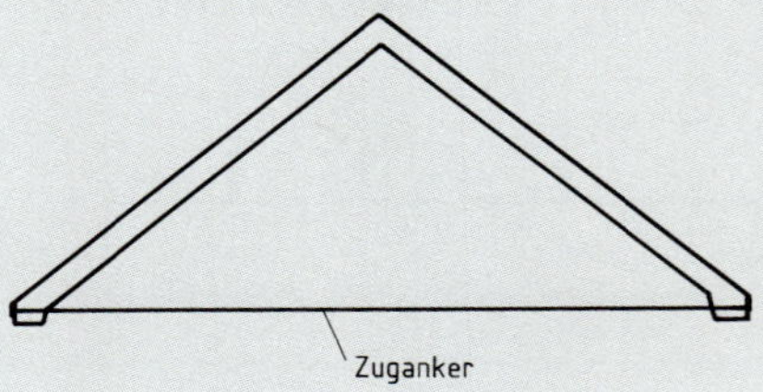

Fundamente

Für **Fundamente** gilt außerdem:

Mindestfundamenthöhe = 1,75 · Fundamentüberstand

$$h_{min} = 1{,}75 \cdot c$$

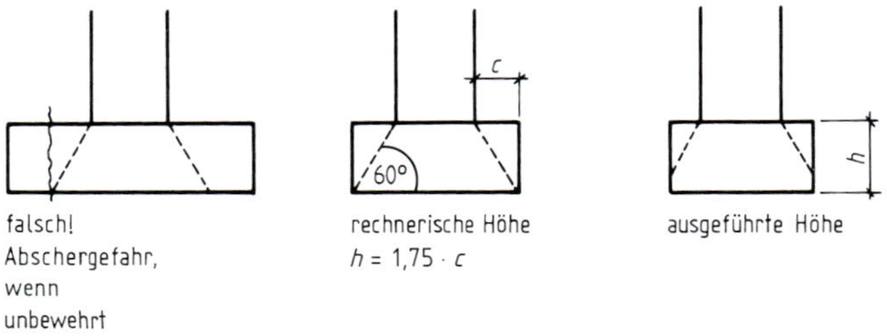

Die Lastverteilungslinie (gestrichelte Linie) darf nicht an der Bodenfläche des Fundaments, sondern muss an den Seiten heraustreten. Aus konstruktiven Gründen wird das Fundament meist höher ausgeführt als es das rechnerische Ergebnis verlangt.

Beispiel 1

Ein Pfeiler einschließlich Fundament überträgt eine Last von 0,12 MN.

a) Wie groß ist der vorhandene Sohldruck, wenn die zulässige Spannung 0,25 MPa (MN/m²) beträgt?

b) Wie groß wird die Fundamenthöhe?

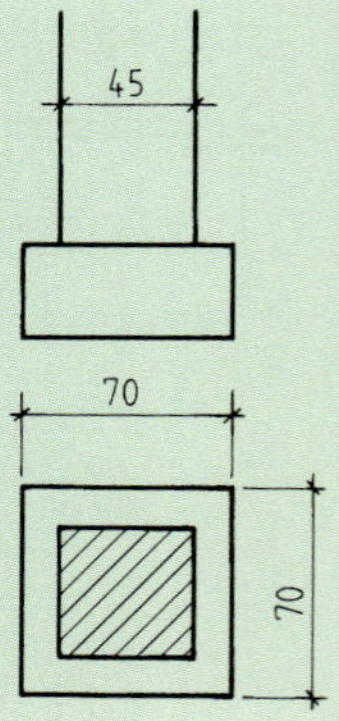

a)
$$\sigma = \frac{F}{A} = \frac{0{,}12\ \text{MN}}{0{,}70\ \text{m} \cdot 0{,}70\ \text{m}}$$
$$\sigma = 0{,}245\ \frac{\text{MN}}{\text{m}^2} < \sigma_{zul}$$

b)
$$h_{min} = 1{,}75 \cdot c = 1{,}75 \cdot 12{,}5\ \text{cm}$$
$$h_{min} = 21{,}88\ \text{cm}$$

ausgeführt:
$h = 25$ cm

Beispiel 2

Der zulässige Sohldruck beträgt 0,25 MN/m². Ermitteln Sie den vorhandenen Sohldruck.

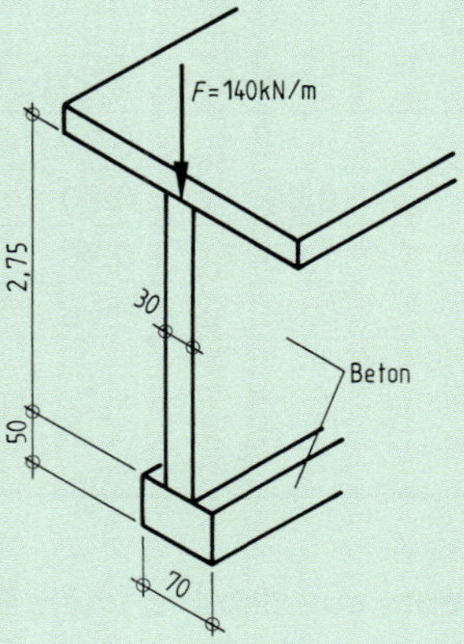

Wand:

$$F = V \cdot \gamma = 0{,}30\ \text{m} \cdot 2{,}75\ \text{m} \cdot 1{,}00\ \text{m} \cdot 24\ \frac{\text{kN}}{\text{m}^3} = 19{,}8\ \text{kN}$$

Fundament:

$$F = V \cdot \gamma = 0{,}70\ \text{m} \cdot 0{,}50\ \text{m} \cdot 1{,}00\ \text{m} \cdot 24\ \frac{\text{kN}}{\text{m}^3} = 8{,}4\ \text{kN}$$

einwirkende Kraft:

$$F = 140\,000\ \frac{\text{N}}{\text{m}} \cdot 1{,}00\ \text{m} = 140\,000\ \text{N}$$

Sohldruck:

$$\sigma_{\text{vorh}} = \frac{F}{A} = \frac{140\,000\ \text{N} + 19\,800\ \text{N} + 8400\ \text{N}}{700\ \text{mm} \cdot 1000\ \text{mm}}$$

$$= 0{,}24\ \frac{\text{N}}{\text{mm}^2}$$

$$\sigma_{\text{zul}} = 0{,}25\ \frac{\text{N}}{\text{mm}^2} > \sigma_{\text{vorh}} = 0{,}24\ \frac{\text{N}}{\text{mm}^2}$$

Für die Bestimmung des Volumens bei einer Wand bzw. Streifenfundamenten wird eine Länge von 1,00 m angesetzt.

Kraft = Volumen · Wichte

$$F = V \cdot \gamma$$

Wichte für

Normalbeton (unbewehrt) $\gamma = 24\ \frac{\text{kN}}{\text{m}^3}$

Stahlbeton $\gamma = 25\ \frac{\text{kN}}{\text{m}^3}$

Die zulässige Spannung σ_{zul} oder $\sigma_{\text{R,d}}$ kann aus Tabellen entnommen werden.

Fels

Lagerungszustand	**Zulässiger Sohlwiderstand** [MPa (MN/m²)]	
	Zustand des Gesteins	
	nicht brüchig, nicht oder nur wenig angewittert	brüchig oder mit deutlichen Verwitterungsspuren
Fels in gleichmäßig festem Verband	4,00	1,50
Fels in wechselnder Schichtung oder klüftig	2,00	1,00

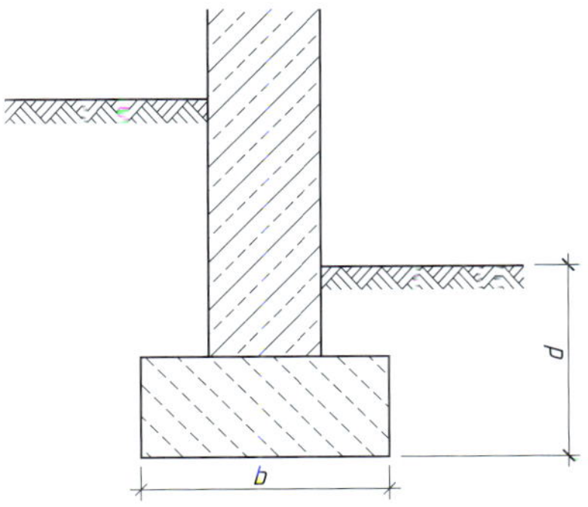

Bemessungswerte $\sigma_{R,d}$ des Sohlwiderstands für Streifenfundamente auf nichtbindigem Boden auf der Grundlage einer ausreichenden Grundbruchsicherheit (DIN 1054)

Kleinste Einbindetiefe *d* des Fundaments	Bemessungswerte $\sigma_{R,d}$ des Sohlwiderstands in MPa (MN/m^2) bei Fundamentbreiten *b* von					
[m]	0,50 m	1,00 m	1,50 m	2,00 m	2,50 m	3,00 m
0,50	0,28	0,42	0,56	0,70	0,70	0,70
1,00	0,38	0,52	0,66	0,80	0,80	0,80
1,50	0,48	0,62	0,76	0,90	0,90	0,90
2,00	0,56	0,70	0,84	0,98	0,98	0,98
bei Bauwerken mit Einbindetiefen 0,30 m ≤ *d* ≤ 0,50 m und mit Fundamentbreiten *b* ≥ 0,30 m	0,21					

Bemessungswerte $\sigma_{R,d}$ des Sohlwiderstands für Streifenfundamente auf nichtbindigem Boden auf der Grundlage einer ausreichenden Grundbruchsicherheit und Begrenzung der Setzungen (DIN 1054)

Kleinste Einbindetiefe *d* des Fundaments	Bemessungswerte $\sigma_{R,d}$ des Sohlwiderstands in MPa (MN/m^2) bei Fundamentbreiten *b* von					
[m]	0,50 m	1,00 m	1,50 m	2,00 m	2,50 m	3,00 m
0,50	0,28	0,42	0,46	0,39	0,35	0,31
1,00	0,38	0,52	0,50	0,43	0,38	0,34
1,50	0,48	0,62	0,55	0,48	0,41	0,36
2,00	0,56	0,70	0,59	0,50	0,43	0,39
bei Bauwerken mit Einbindetiefen 0,30 m ≤ *d* ≤ 0,50 m und mit Fundamentbreiten *b* bzw. *b'* ≥ 0,30 m	0,21					

Bemessungswerte $\sigma_{R,d}$ des Sohlwiderstands für Streifenfundamente auf verschiedenen bindigen Böden (DIN 1054)

Kleinste Einbindetiefe *d* des Fundaments	Zulässiger Sohlwiderstand in MPa (MN/m^2) bei Streifenfundamenten[1] mit Breiten *b* von 0,5 … 2 m und Konsistenz		
[m]	steif	halbfest	fest
	Gemischtkörniger Boden		
0,5	0,21	0,31	0,46
1	0,25	0,39	0,53
1,5	0,31	0,46	0,62
2	0,35	0,52	0,70
	Ton		
0,5	0,13	0,20	0,28
1	0,15	0,25	0,34
1,5	0,18	0,29	0,38
2	0,21	0,32	0,42

[1] Zwischenwerte dürfen errechnet werden.

Kleinste Einbindetiefe *d* des Fundaments	Zulässiger Sohlwiderstand in MPa (MN/m^2) bei Streifenfundamenten[1] mit Breiten *b* von 0,5 … 2 m und Konsistenz		
[m]	steif	halbfest	fest
	Toniger Schluff		
0,5	0,17	0,24	0,39
1	0,20	0,29	0,45
1,5	0,22	0,35	0,50
2	0,25	0,39	0,56
	Schluff		
0,5	0,18		
1	0,25		
1,5	0,31		
2	0,35		

[1] Zwischenwerte dürfen errechnet werden.

Aufgaben

73. Der zulässige Sohldruck beträgt 0,25MPa (MN/m²). Wie groß ist der vorhandene Sohldruck?

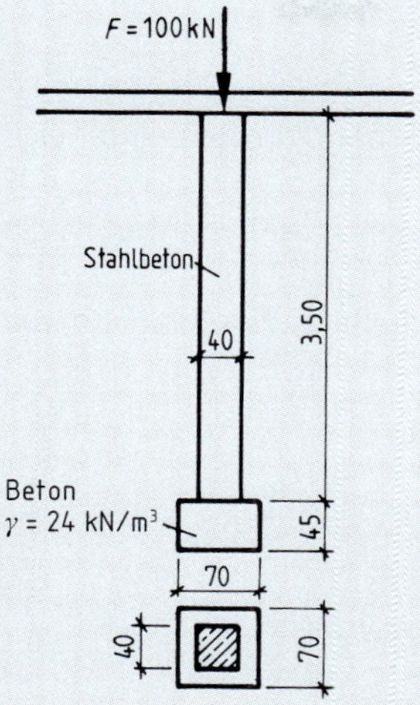

74. Geschätzte Fundamentlast 7,00 kN.
a) Welche Abmessungen muss das Fundament haben, wenn der zulässige Sohldruck 0,25 MPa (MN/m²) beträgt?
b) Überprüfen Sie die geschätzte Eigenlast des Fundaments.

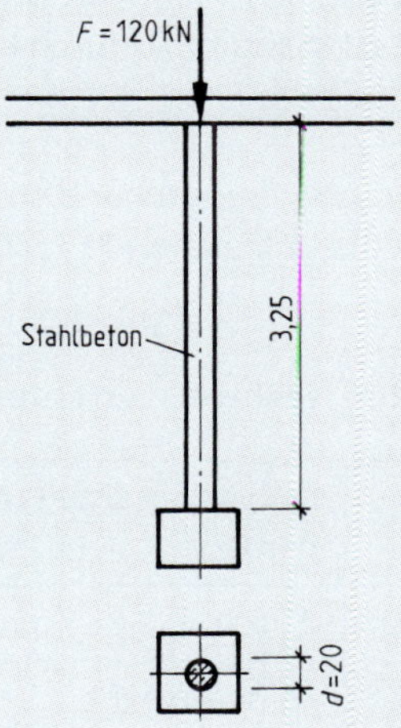

75. Ein I-Träger überträgt auf eine Stahlplatte zusätzlich zu seiner Eigenlast eine Last von 1300 kN. Welche Abmessungen muss das Fundament erhalten, wenn der zulässige Sohldruck 0,25 MPa (MN/m²) beträgt?

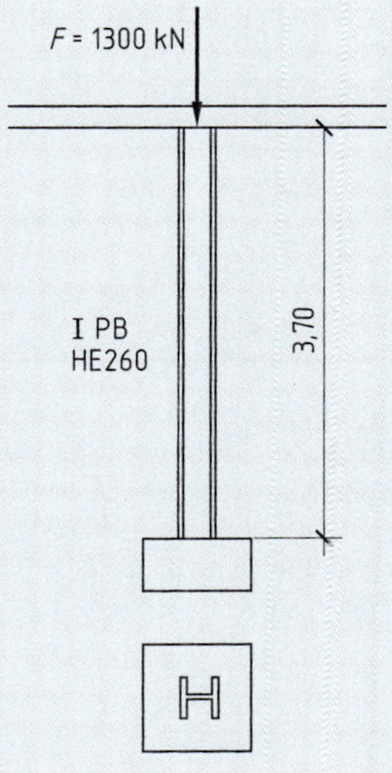

76. a) Welche Breite und Höhe erhält das Fundament?
b) Wie groß ist der Sohldruck?
c) Wie groß ist σ_{zul} bei einer Einbindetiefe von 0,50 m und nichtbindigem Baugrund bei einer Begrenzung der Setzungen?

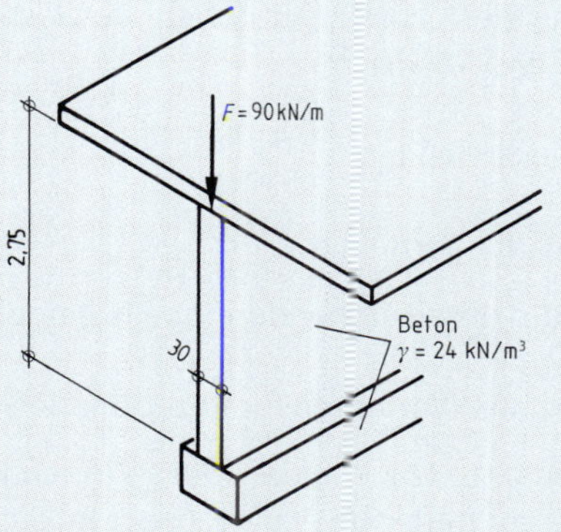

77. Ermitteln Sie den Sohldruck für die Stahlbetonstütze eines Bahnsteigs.

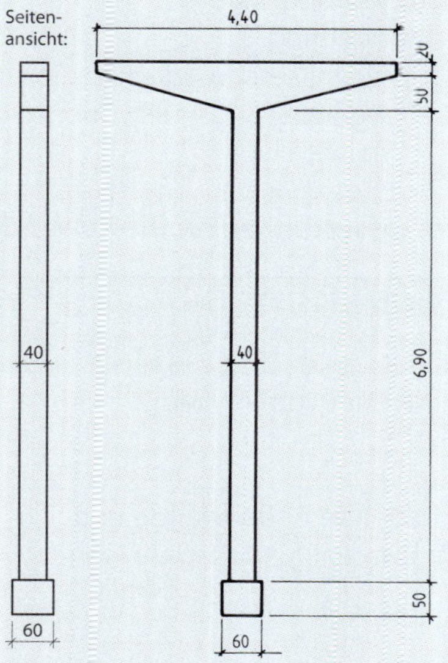

78. Aus Kellerdecke, Wänden, Dachstuhl usw. ergibt sich eine Last von 45,50 kN/m, die zusätzlich zur Kellerwand auf das Streifenfundament übertragen wird.
Berechnen Sie die Abmessungen des Fundaments, wenn es sich um bindigen Boden (toniger Schluff, steif) handelt. Die Einbindetiefe beträgt 0,50 m.

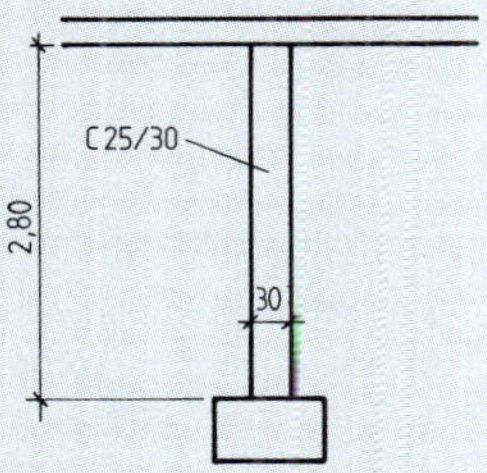

7 Berechnung nach DIN EN 1996-3

Das vereinfachte Verfahren darf angewendet werden, wenn

- die Gebäudehöhe nicht mehr als 20 m beträgt (als Gebäudehöhe bei geneigten Dächern gilt das Mittel zwischen First- und Traufhöhe),
- die Stützweiten maximal 6,00 m betragen (bei zweiachsig gespannten Decken ist für l_f die kürzere der beiden Spannweiten einzusetzen),
- Begrenzung der charakteristischen Nutzlast einschließlich Zuschlag für nichttragende innere Trennwände auf $q_k \leq 5{,}0$ kN/m²,
- das Überbindemaß $l_{ol} \geq \begin{cases} 0{,}4 \cdot h_u \\ 45 \text{ mm} \end{cases}$
- die Deckenauflagertiefe $a \geq \begin{cases} 0{,}5\,t \\ 100 \text{ mm} \end{cases}$
- die Werte der unten stehenden Tabelle eingehalten werden.

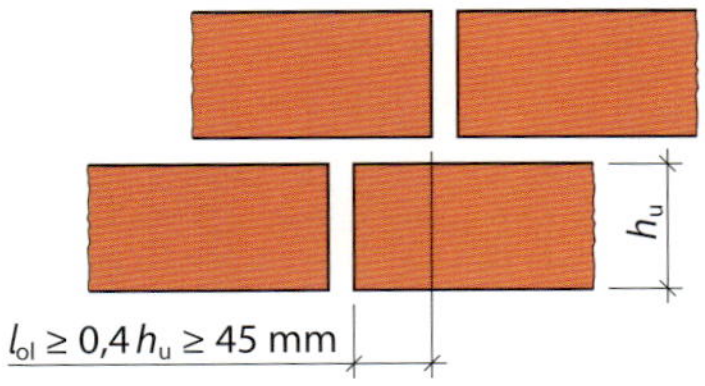

Beim vereinfachten Verfahren für Rezeptmauerwerk (RM) müssen nicht nachgewiesen werden:

- Knotenmomente von Wänden, die als Innenauflager von durchlaufenden Decken dienen.
- Windkräfte auf tragende Wände, da sie im Sicherheitsabstand bzw. durch konstruktive Maßnahmen berücksichtigt sind.
- Aussteifung,
  - wenn Geschossdecken gleichzeitig steife Scheiben oder ausreichend steife Ringbalken sind,
  - wenn in Längs- und Querrichtung des Gebäudes eine ausreichende Anzahl aussteifender Wände vorhanden ist.

Voraussetzungen für die Anwendung des vereinfachten Nachweisverfahrens

Bauteil	**Wanddicke** *t* **(mm)**	**max. zulässige Wandhöhe (allgemein)** *h* **(m)**
tragende Innenwände	≥ 115	2,75
	≥ 240	keine Angabe
tragende Außenwände und zweischalige Haustrennwände	≥ 115[1), 2)]	2,75
	≥ 150[3)]	2,75[2)]
	≥ 175	2,75
	≥ 200	2,75
	≥ 240	$12 \cdot t$
	≥ 300	$12 \cdot t$

[1)] Als einschalige Außenwand nur bei eingeschossigen Garagen und vergleichbaren Bauwerken, die nicht zum dauernden Aufenthalt von Menschen vorgesehen sind. Als Tragschale zweischaliger Außenwände und bei zweischaligen Haustrennwänden bis höchstens zwei Vollgeschosse zuzüglich ausgebautes Dachgeschoss; aussteifende Querwände im Abstand $b \leq 4{,}50$ m bzw. Randabstand von einer Öffnung $b' \leq 2{,}0$ m.

[2)] Charakteristische Nutzlast einschließlich Zuschlag für nichttragende innere Trennwände $q_k \leq 3{,}0$ kN/m².

[3)] Bei charakteristischen Mauerwerksdruckfestigkeiten $f_k < 1{,}8$ kN/m² gilt zusätzliche Fußnote 1).

Es ist nachzuweisen: $\boldsymbol{N_{E,d} \leq N_{R,d}}$

$N_{E,d}$: Bemessungswert der vertikalen Belastung (einwirkenden Normalkraft)
$N_{E,d} = 1{,}35 \cdot N_{G,k} + 1{,}5 \cdot N_{P,k}$
$N_{R,d}$: Bemessungswert des vertikalen Tragwiderstandes
$N_{G,K}$: charakteristischer Wert der ständigen Lasteinwirkung (Eigenlast der Konstruktion)
$N_{P,K}$: charakteristischer Wert der veränderlichen Lasteinwirkung (nicht ständig vorhandene Lasten wie Nutzlast, Schnee, Wind)

$$\boldsymbol{N_{R,d} = \Phi \cdot f_d \cdot A}$$

Φ: Abminderungsfaktor zur Berücksichtigung der Schlankheit und Außermittigkeit der Lasteinwirkung; $\Phi = \Phi_1$ oder Φ_2; der kleinere Wert ist maßgebend
f_d: Bemessungsdruckfestigkeit des Mauerwerks
A: Bruttoquerschnittsfläche der Wand

Φ_1: Stützweitenfaktor (Lastausmittigkeitsfaktor)

Bei Endauflagern besteht für die Wand eine besondere Beanspruchung durch die Außermittigkeit der Lasteinleitung (= Exzentrizität).

Diese Traglastminderung kann im vereinfachten Verfahren eingerechnet werden zu:

$\boldsymbol{\Phi_1 = 1{,}6 - \frac{l_f}{6} \leq 0{,}9 \cdot \frac{a}{t}}$	**für $f_k \geq 1{,}8$ MPa (N/mm²)**
$\boldsymbol{\Phi_1 = 1{,}6 - \frac{l_f}{5} \leq 0{,}9 \cdot \frac{a}{t}}$	**für $f_k < 1{,}8$ MPa (N/mm²)**
$\boldsymbol{\Phi_1 = 0{,}333}$	Bei Decken über dem obersten Geschoss, besonders bei Dachdecken, aufgrund geringer Auflasten.

f_k: charakteristischer Wert der Druckfestigkeit des Mauerwerks (Grundspannung)
l_f: Stützweite der auflagernden Geschossdecke in m. Bei zweiachsig gespannten Decken mit $0{,}5 \leq l_1/l_2 \leq 2{,}0$ darf für l_f das 0,85-Fache der kürzeren Stützweite angesetzt werden.
a: Deckenauflagertiefe
t: Wanddicke

Φ_2: Schlankheitsfaktor (Knickgefahrfaktor)

Zur Berücksichtigung der Traglastminderung infolge Knickgefahr gilt:

$$\boldsymbol{\Phi_2 = 0{,}85 \cdot \frac{a}{t} - 0{,}0011 \cdot \left(\frac{h_{ef}}{t}\right)^2}$$

Schlankheit: $\lambda = \frac{h_{ef}}{t}$

a: Deckenauflagertiefe
t: Wanddicke
h_{ef}: Knicklänge der Wand

Sind Wände durch flächig gelagerte Decken wie z. B. Massivplatten oder Rippendecken mit Auflagerbalken (Ringanker) versehen, darf bei zweiseitig gehaltenen Wänden die Geschosshöhe abgemindert werden auf:

$$h_{ef} = \varrho_z \cdot h$$

sonst

$$h_{ef} = h_l$$

$\varrho_z = 0{,}75$ für Wanddicken $t \leq 175$ mm
$\varrho_z = 0{,}90$ für Wanddicken $175 \text{ mm} < t \leq 250$ mm
$\varrho_z = 1{,}00$ für Wanddicken $t > 250$ mm

h_{ef}: effektive Knicklänge
h_l: lichte Geschosshöhe für zweiseitig gehaltene Wände

Eine Abminderung der Knicklänge mit $\varrho_z = 1{,}00$ ist nur zulässig, wenn erfüllt ist:

$t \geq 240$ mm mit $a \geq 175$ mm
$t < 240$ mm mit $a = t$

$$f_d = \zeta \cdot \frac{f_k}{\gamma_M}$$

f_d = Bemessungsdruckfestigkeit des Mauerwerks
$\zeta = 0{,}85$ (bei außergewöhnlichen Einwirkungen $\zeta = 1$)
f_k: charakteristische Druckfestigkeit (nach Tabelle S. 33 ff.)
γ_M: Teilsicherheitsbeiwert (nach unten stehender Tabelle)

Teilsicherheitsbeiwerte γ_M für die Baustoffeigenschaften nach DIN EN 1996-1-1

Material	γ_M	
	Bemessungssituation	
	ständig und vorübergehend	**außergewöhnlich**
Unbewehrtes Mauerwerk aus Steinen der Kategorie I und Mörtel nach Eignungsprüfung	1,5	1,3
Bewehrtes Mauerwerk aus Steinen der Kategorie I und Mörtel nach Eignungsprüfung	10,0	10,0
Unbewehrtes Mauerwerk aus Steinen der Kategorie I und Mörtel nach Rezeptmörtel	1,5	1,3
Bewehrtes Mauerwerk aus Steinen der Kategorie I und Mörtel nach Rezeptmörtel	10,0	10,0

Charakteristische Druckfestigkeit f_k von Mauerwerk mit Normalmörtel aus

Steindruckfestigkeitsklasse [MPa (N/mm²)]	HLzA, HLzB, Mauertafelziegel T1, KSL und Hbl: f_k [MPa (N/mm²)]				Mz, KS, KS-Block: f_k [MPa (N/mm²)]			
	NM II M 2,5	NM IIa M 5	NM III M 10	NM IIIa M 20	NM II M 2,5	NM IIa M 5	NM III M 10	NM IIIa M 20
2	–	–	–	–	–	–	–	–
4	2,1	2,4	2,9	–	2,8	–	–	–
6	2,7	3,1	3,7	–	3,6	4,0	–	–
8	3,1	3,9	4,4	–	4,2	4,7	–	–
10	3,5	4,5	5,0	5,6	4,8	5,4	6,0	–
12	3,9	5,0	5,6	6,3	5,4	6,0	6,7	7,5
16	4,6	5,9	6,6	7,4	6,4	7,1	8,0	8,9
20	5,3	6,7	7,5	8,4	7,2	8,1	9,1	10,1
28	5,3	6,7	9,2	10,3	8,8	9,9	11,0	12,4
36	5,3	6,7	10,6	11,9	10,2	11,4	12,7	14,3
48	5,3	6,7	12,5	14,1	10,2	11,4	15,1	16,9
60	5,3	6,7	14,3	16,0	10,2	11,4	15,1	16,9

Charakteristische Druckfestigkeit f_k von Mauerwerk mit

Steindruckfestigkeitsklasse [MPa (N/mm²)]	Dünnbettmörtel: f_k [MPa (N/mm²)]				Normalmauermörtel: f_k [MPa (N/mm²)]			
	Plansteine		Planelemente		HLzW, Mauertafelziegel T2, T3, T4, LLz			
	KSP	KS L-P	KS XL	KS XL-N KS XL-E	NM II M 2,5	NM IIa M 5	NM III M 10	NM IIIa M 20
2	–	–	–	–	–	–	–	–
4	2,9	2,9	2,9	2,9	1,7	2,0	2,3	2,6
6	4,0	3,7	4,0	4,0	2,2	2,5	2,9	3,3
8	5,0	4,4	5,0	5,0	2,5	3,2	3,5	4,0
10	6,0	5,0	6,0	6,0	2,8	3,6	4,0	4,5
12	7,0	5,6	9,4	7,0	3,1	4,0	4,5	5,0
16	8,8	6,6	11,2	8,8	3,7 (3,1)	4,7 (4,0)	5,3 (4,5)	5,9 (5,0)
20	10,5	7,6	12,9	10,5	4,2 (3,1)	5,4 (4,0)	6,0 (4,5)	6,7 (5,0)
28	13,8	7,6	16,0	13,8	Die Werte in Klammern gelten für Mauerwerk aus HLzW und T4			
36	16,8	7,6	16,0	13,8				
48	16,8	7,6	16,0	13,8				
60	16,8	7,6	16,0	13,8				

Charakteristische Druckfestigkeit f_k von Mauerwerk aus Blockziegeln mit Normalmörtel, bzw. Leichtmörtel nach amtlicher Zulassung

Produkt	Steindruckfestigkeitsklasse [MPa (N/mm²)]	f_k [MPa (N/mm²)]				
		NM II M 2,5	NM IIa M 5	NM III M 10	LM 36	LM 21
T 12	6	–	–	–	–	1,5
T 14	6	–	2,1	–	1,8	1,5
T 16	12	3,1	4,2	4,7	2,9	2,3
T 18	12	3,1	4,2	4,7	2,9	2,3
HLz-Block-T	8	3,1	3,9	4,4	3,3	2,5
	12	3,9	5,0	5,6	3,3	2,8
	20	5,3	6,7	7,6	–	–

Charakteristische Druckfestigkeit f_k von Mauerwerk in Dünnbettmörtel aus

	Planziegeln nach amtlicher Zulassung		Porenbetonsteinen	
Produkt	**Steindruckfestigkeitsklasse** [MPa (N/mm²)]	f_k [MPa (N/mm²)]	**Steindruckfestigkeitsklasse** [MPa (N/mm²)]	f_k MPa (N/mm²)]
T 7-P	≥ 6	1,8	2	1,8
T 7-MW	6	1,7	4	3,0
T 8-P	≥ 6	1,8	6	4,1
T 8-MW	6	2,1	8	5,1
T 9-P	≥ 6	1,8		
S 9-P	8	3,1		
S 9-MW	10	4,2		
S 10-P	10	3,6		
S 10-MW	10	3,8		
S 11-P	10	4,2		
Plan-T 8	6	1,4		
Plan-T 9	8	1,8		
Plan-T 10	6	1,8		
	8	2,3		
Plan-T 12	6	1,8		
	8	2,1		
	10	2,6		
Plan-T 14	8	3,1		
	12	3,9		
Plan-T 16	12	4,7		
Plan-T 18	12	4,7		
HLz-Plan-T	8	3,7		
	12	4,7		
	20	6,3		

Beispiel

Ein Pfeiler aus Vollziegel Mz20, NM III (M 10) hat einen Querschnitt von 24 × 36,5 cm und eine Knicklänge von 3,85 m. Er dient als Zwischenlager.

a) Wie groß ist der Abminderungsfaktor Φ?
b) Wie groß ist die maximal aufnehmbare Last $N_{F,d}$?
c) Wie groß ist die vorhandene Belastungseinwirkung des Pfeilers in der Pfeilersohle, wenn der Pfeiler mit $N_{R,d} = 60$ kN belastet wird?
d) Welche Last könnte der Pfeiler zu seiner Eigenlast maximal noch aufnehmen?
e) Wie groß wäre die aufnehmbare Last, wenn die Schlankheit $\lambda = 10$ betragen würde?

a) Φ_1 entfällt, da kein Endauflager

$$\Phi_2 = 0{,}85 \cdot \frac{a}{t} - 0{,}0011 \cdot \left(\frac{h_{ef}}{t}\right)^2$$

$$\Phi_2 = 0{,}85 \cdot \frac{0{,}24\text{ m}}{0{,}24\text{ m}} - 0{,}0011 \cdot \left(\frac{3{,}85\text{ m}}{0{,}24\text{ m}}\right)^2$$

$$\Phi_2 = 0{,}56$$

b) Maximaler Tragwiderstand

$f_k = 9{,}1$ MPa (MN/m^2) für Mz20, NM III (M 10)

$$f_d = 0{,}85 \cdot \frac{9{,}1 \frac{\text{MN}}{\text{m}^2}}{1{,}5 \cdot 1{,}25} = 0{,}85 \cdot \frac{9{,}1 \frac{\text{MN}}{\text{m}^2}}{1{,}875} = 4{,}1 \frac{\text{MN}}{\text{m}^2}$$

$$N_{R,d} = \Phi \cdot f_d \cdot A$$

$$N_{R,d} = 0{,}56 \cdot 4{,}1 \frac{\text{MN}}{\text{m}^2} \cdot 0{,}24\text{ m} \cdot 0{,}365\text{ m}$$

$$N_{R,d} = 0{,}201\text{ MN}$$

c) Vorhandene Lasteinwirkung

$$N_{E,d} = 1{,}35 \cdot N_{G,K} + 1{,}5 \cdot N_{P,K}$$

$$N_{E,d} = 1{,}35 \cdot 0{,}24\text{ m} \cdot 0{,}365\text{ m} \cdot 3{,}85\text{ m} \cdot 20\text{ kN/m}^3 + 1{,}5 \cdot 60\text{ kN}$$

$$N_{E,d} = 99{,}1\text{ kN}$$

$$N_{E,d} = 0{,}099\text{ MN}$$

d) Noch aufnehmbare Last

$$\Delta N = 0{,}201\text{ MN} - 0{,}099\text{ MN}$$

$$\Delta N = 0{,}102\text{ MN}$$

e) Bei Schlankheit $\lambda = 10$

$$\Phi_2 = 0{,}85 \cdot \frac{0{,}24\text{ m}}{0{,}24\text{ m}} - 0{,}0011 \cdot (10)^2$$

$$\Phi_2 = 0{,}74$$

$$N_{R,d} = 0{,}74 \cdot 4{,}1\text{ MN/m}^2 \cdot 0{,}24\text{ m} \cdot 0{,}365\text{ m}$$

$$N_{R,d} = 0{,}27\text{ MN}$$

Aufgaben

79. $F_1 = 52$ kN; $F_2 = 45$ kN; $q = 3{,}2$ kN/m
Ermitteln Sie
a) die Auflagerkräfte A und B,
b) die Mauerwerksspannung unter dem Auflager A, bei einer Auflagerfläche von 24 × 30 cm,
c) den Bemessungswert der aufnehmbaren und einwirkenden Normalkraft unter dem Pfeiler des Auflagers B. Knicklänge 3,20 m, Mz28, NM III (M 10), $\varrho = 2{,}0$ kg/dm³.

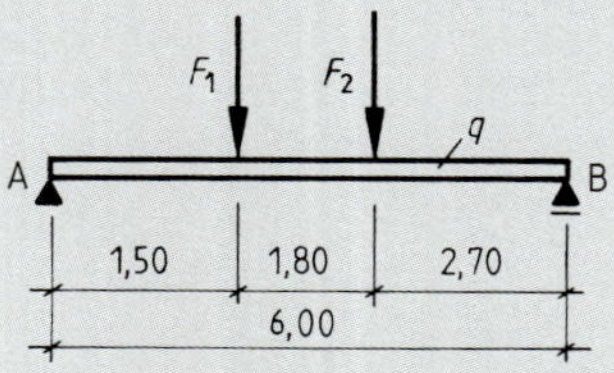

80. Wie groß ist die zulässige Spannung für einen Pfeiler in KS12–1,6, NM IIa (M 5)?
a) $h_{ef} = 3{,}75$ m
b) $h_{ef} = 4{,}00$ m
c) $h_{ef} = 3{,}20$ m

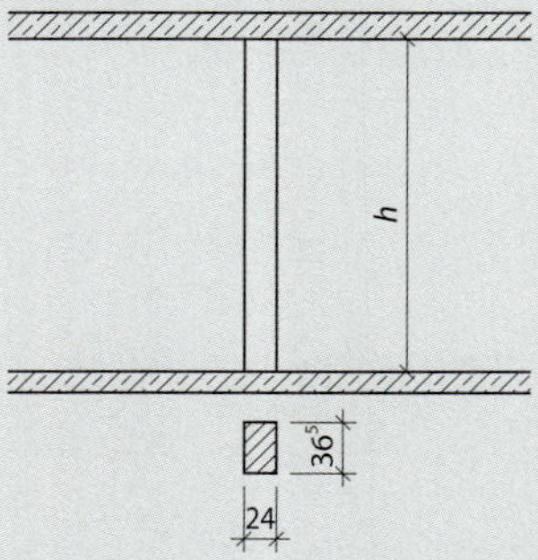

81. Welche Last könnte der Pfeiler, ausgeführt in Mz12–1,4, NM II (M 2,5), aufnehmen, bis er den Bemessungswert der aufnehmbaren Normalkraft erreicht hat?

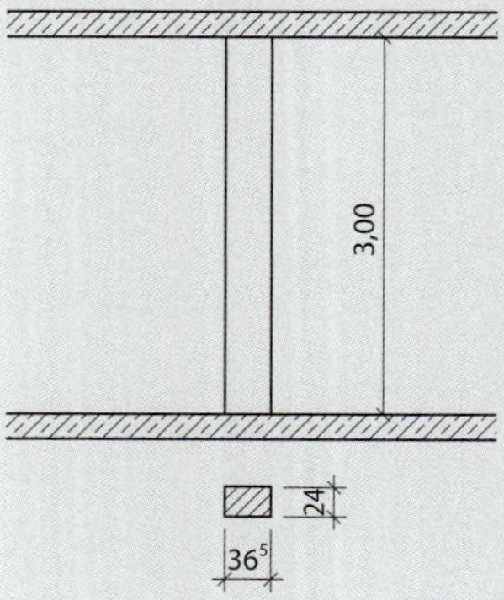

82. Welche Abmessung muss der quadratische Mauerwerkspfeiler in KMz36–1,8, NM IIIa (M 20) mindestens haben, wenn die Schlankheit maximal 12 erreichen und der Bemessungswert der einwirkenden Normalkraft 0,45 MN nicht überschreiten soll?

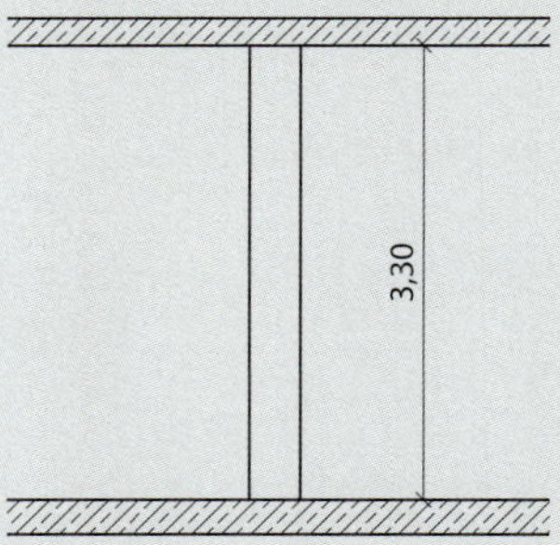

83. Wie hoch darf der Pfeiler in KS28–1,8, NM IIa (M 5) höchstens werden, wenn bei einer Schlankheit von 12 die einwirkende Normalkraft $N_{E,d}$ nur 85 % betragen soll?

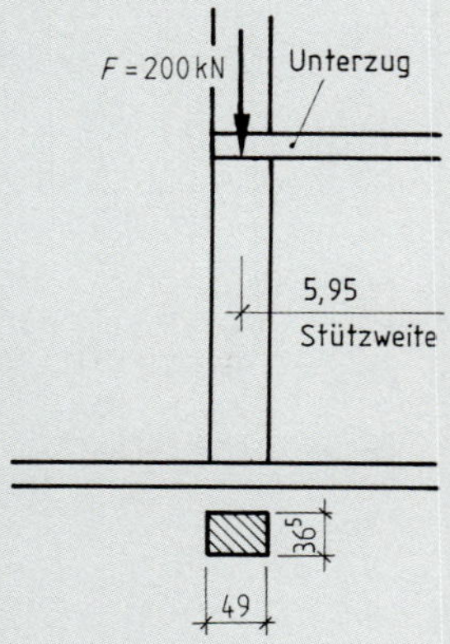

84. a) Vergleichen Sie den Bemessungswert der einwirkenden und aufnehmbaren Normalkraft.
b) Wie groß ist der Sohldruck unter dem Fundament?

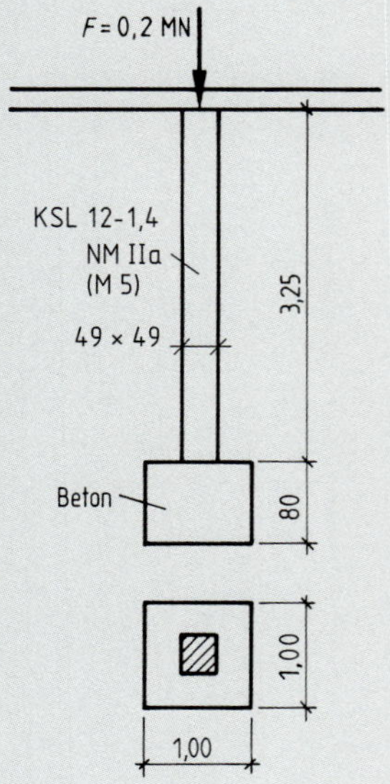

Aufgaben

85. a) Vergleichen Sie den Bemessungswert der einwirkenden und aufnehmbaren Normalkraft.

b) Überprüfen Sie, ob der Sohldruck unter dem Fundament zulässig ist, wenn er höchstens 0,25 MPa (MN/m^2) betragen darf.

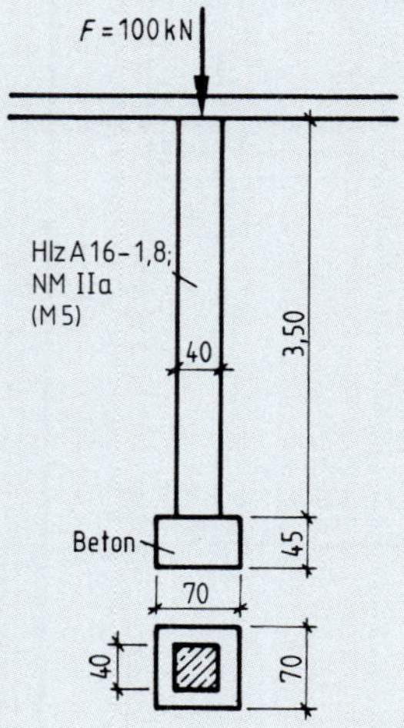

86. Wie groß ist

a) der Bemessungswert der einwirkenden und aufnehmbaren Normalkraft,

b) der Sohldruck?

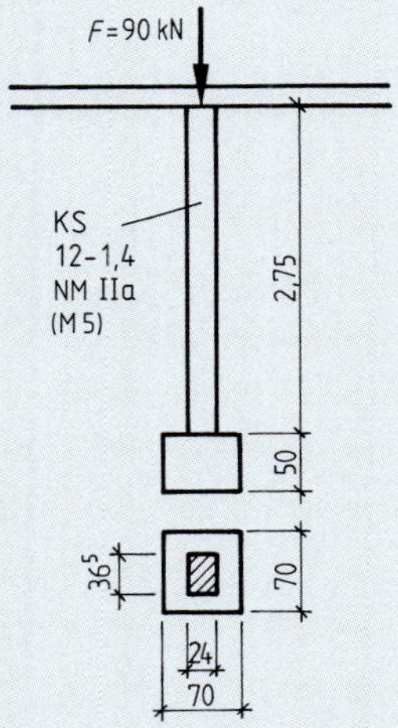

87. a) Ermitteln Sie die einwirkende und die maximal aufnehmbare Normalkraft der Wand, wenn die Decke einen Auflagerdruck von 3,5 kN/m ausübt.

b) Wie breit und hoch muss das Streifenfundament ausgeführt werden, wenn der zulässige Sohldruck σ_{zul} = 0,17 MPa (MN/m^3) beträgt?

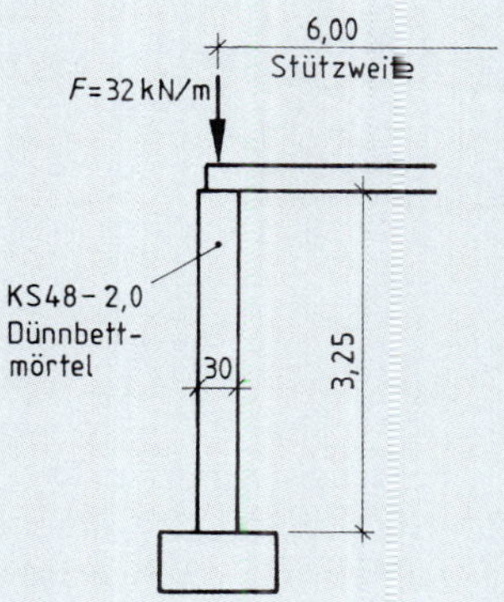

88. Ein quadratischer Mauerwerkspfeiler soll möglichst schlank gestaltet werden.

a) Ermitteln Sie die maximal einwirkende sowie die maximal aufnehmbare Normalkraft.

b) Welche Abmessungen muss der Pfeiler mindestens haben?

c) Welche Abmessungen erhält das Fundament bei einer Einbindetiefe von 80 cm in gemischtkörnigem, steifem Boden?

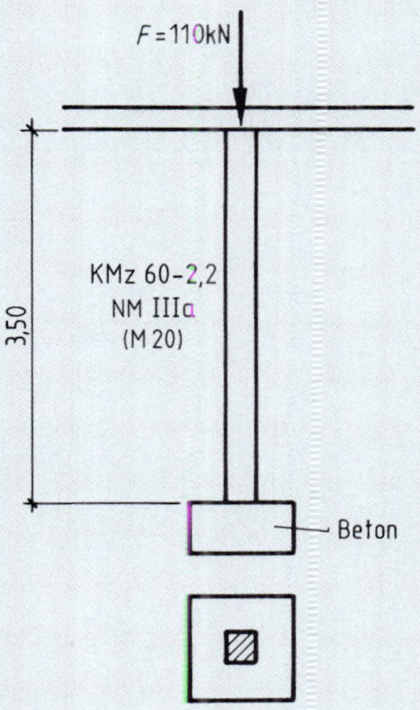

Aufgaben

89. Mauerwerk Mz8, NM II (M 2,5)
Ermitteln Sie die Spannung zwischen Mauerwerk und Träger und vergleichen Sie diese mit der zulässigen Spannung für einen
a) Träger I 200,
b) Träger IPBv HE-M 200,
c) Träger IPB HE 200
d) Träger IPE 200.

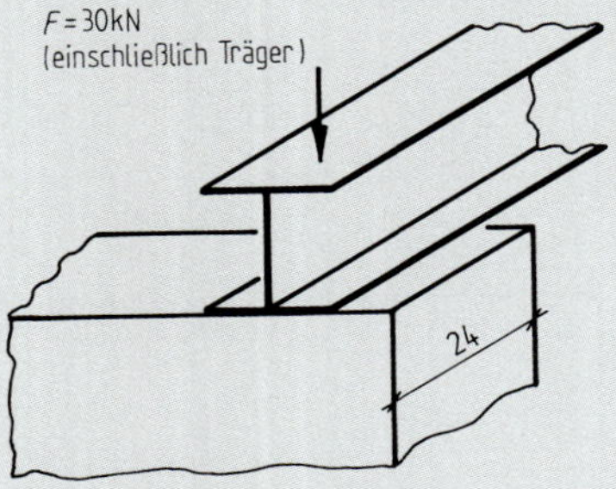

90. Ermitteln Sie
a) die Bemessungswerte der einwirkenden und maximal aufnehmbaren Normalkraft der Außenwand und der Zwischenwand im EG und OG; Auflagertiefe $a = d/2$,
b) die Maße des Fundaments unter der Außen- und Mittelwand bei nichtbindigem Boden; Einbindetiefe 0,50 m,
c) den vorhandenen Sohldruck unter der Außenwand und Mittelwand.

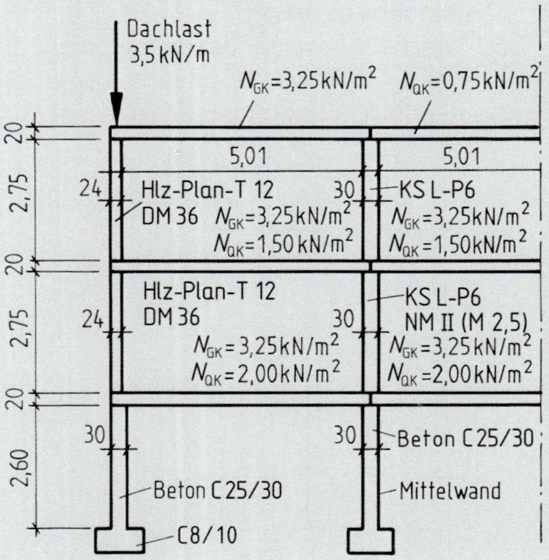

91. Ermitteln Sie
a) die einwirkende und maximal aufnehmbare Normalkraft des Mauerwerks im EG,
b) die Abmessungen des Streifenfundaments,
c) den zulässigen Sohldruck bei einer Einbindetiefe des Fundaments von 60 cm und bindigem Baugrund (Schluff).

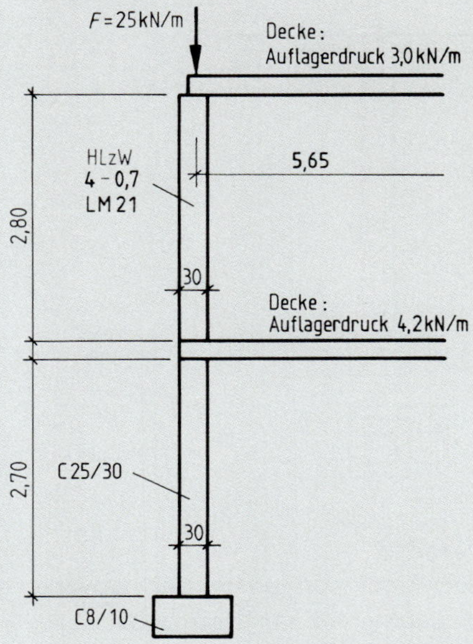

8 Berechnung der Schnittgrößen

Die angreifenden Kräfte (Aktionskräfte) und die ihnen widerstehenden Kräfte (Reaktionskräfte) bilden an jedem Bauteil die äußeren Kräfte. Diesen äußeren Kräften setzt ein Körper bis zu seinem Bruch innere Kräfte entgegen, die die Bruchfestigkeit bestimmen.

Beziehung zwischen äußeren und inneren Kräften

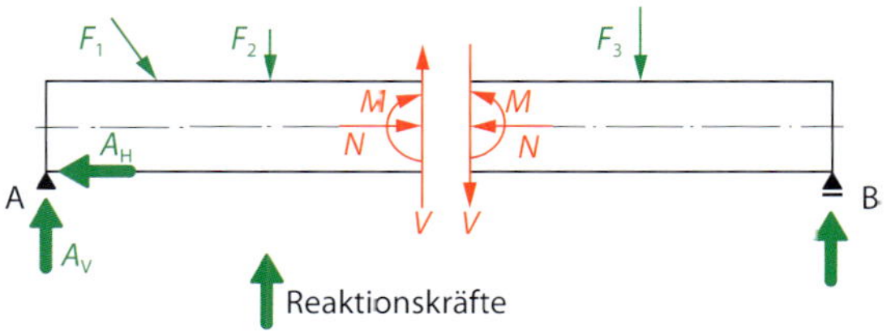

- ▲ Ein festes Auflager hat einen vertikalen und horizontalen Anteil einer Auflagerkraft.
- ▲ Ein verschiebliches Auflager hat nur einen vertikalen Anteil einer Auflagerkraft.

Durch den Balken wird gedanklich ein Schnitt geführt und so die inneren Kräfte freigelegt. Soll der durch einen Schnitt abgetrennte Balkenteil im Gleichgewicht bleiben, so müssen in der Schnittebene den äußeren Kräften gleich große innere Kräfte entgegenwirken.

An jedem Schnitt treten im Allgemeinen folgende Kräfte auf:

Die Querkraft *V*

Die Querkraft für eine Schnittstelle ist gleich der Summe aller senkrecht zur Balkenachse wirkenden Kräfte links oder rechts von der Schnittstelle. Sie erzeugt Schubspannungen τ in der Schnittfläche.

Vorzeichen:
Geht *V* links von der Schnittstelle nach oben und rechts nach unten, so ist die Querkraft positiv.

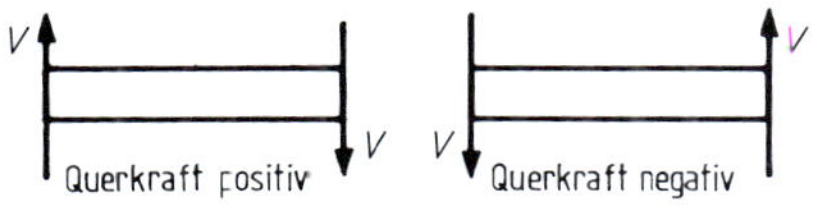

Geht *V* links von der Schnittstelle nach unten und rechts nach oben, so ist die Querkraft negativ.

Die Normalkraft *N*

Die Normalkraft für eine Schnittstelle ist gleich der Summe aller parallel zur Balkenachse wirkenden Kräfte links oder rechts von der Schnittstelle. Zugkräfte werden als positiv, Druckkräfte als negativ bezeichnet. Die Normalkraft erzeugt Druck- bzw. Zugspannungen σ in der Schnittfläche.

Das Biegemoment *M*

Das Biegemoment für eine Schnittstelle ist gleich der Summe der Momente links oder rechts von der Schnittstelle um den Schwerpunkt der Schnittfläche. Wenn die unterste Faser Zug und die oberste Faser Druck bekommt, dreht das Moment rechts von der Schnittstelle im Uhrzeigersinn. In diesem Fall ist das Biegemoment positiv. Erhält die unterste Faser Druck und die oberste Zug, so dreht das Moment rechts von der Schnittstelle gegen den Uhrzeigersinn. Das Biegemoment ist dann negativ.

Zwischen der Querkraft und dem Biegemoment besteht für die Praxis folgender Zusammenhang:

> An der Stelle, an der die Querkraft null ist, ist die Biegebruchgefahr des Bauteils am größten. Das Biegemoment, das Grundlage für die Bemessung des Bauteiles ist, ist dort am größten, wo die Querkraft null ist.

Beispiel 1

Berechnen Sie für das statische System
a) die Auflagerkräfte A und B,
b) den Querkraftverlauf,
c) das maximale Biegemoment.

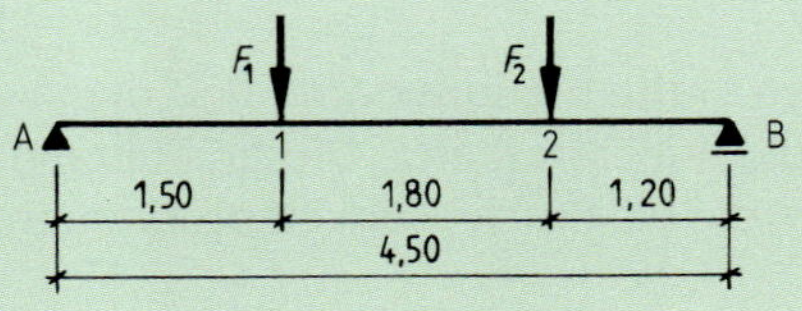

a) Drehpunkt B

$\Sigma M\curvearrowleft = \Sigma M\curvearrowright$

$A \cdot 4{,}50\text{ m} = F_1 \cdot 3{,}00\text{ m} + F_2 \cdot 1{,}20\text{ m}$
$= 43\text{ kN} \cdot 3{,}00\text{ m} + 20\text{ kN} \cdot 1{,}20\text{ m}$
$= 129\text{ kNm} + 24\text{ kNm}$
$= 153\text{ kNm}$

$A = \dfrac{153\text{ kNm}}{4{,}50\text{ m}}$

$A = 34\text{ kN}$

Drehpunkt A

$B \cdot 4{,}50\text{ m} = F_1 \cdot 1{,}50\text{ m} + F_2 \cdot 3{,}30\text{ m}$
$= 43\text{ kN} \cdot 1{,}50\text{ m} + 20\text{ kN} \cdot 3{,}30\text{ m}$
$= 64{,}5\text{ kNm} + 66\text{ kNm}$
$= 130{,}5\text{ kNm}$

$B = \dfrac{130{,}5\text{ kNm}}{4{,}50\text{ m}}$

$B = 29\text{ kN}$

b)

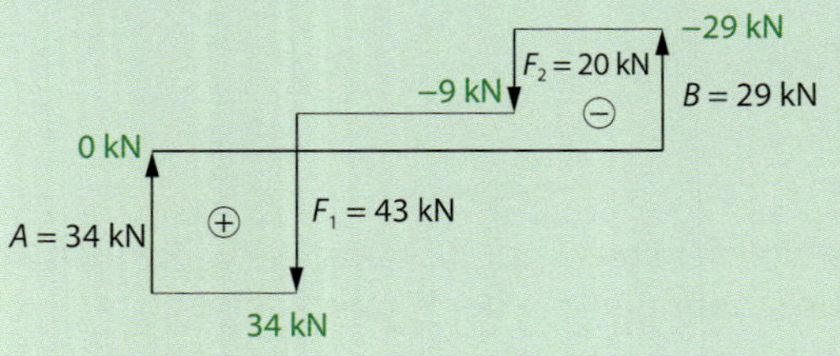

Zur Bestimmung des Querkraftverlaufes wird von rechts nach links vorgegangen, wobei negative Querkräfte oberhalb der Nulllinie (Bezugslinie) liegen, positive Querkräfte unterhalb.

$V_{B,li} = -29\text{ kN} = V_{2,re}$
$V_{2,li} = -29\text{ kN} + 20\text{ kN} = -9\text{ kN} = V_{1,re}$
$V_{1,li} = -9\text{ kN} + 43\text{ kN} = 34\text{ kN} = V_{A,re}$
$V_{A,li} = 34\text{ kN} - 34\text{ kN} = 0\text{ kN}$

Die positive Auflagerkraft B wird zur negativen Querkraft V_B, da $\Sigma V = 0$. An den Stellen, an denen die einzelnen Kräfte einwirken, hat der Querkraftverlauf einen Sprung.

c)

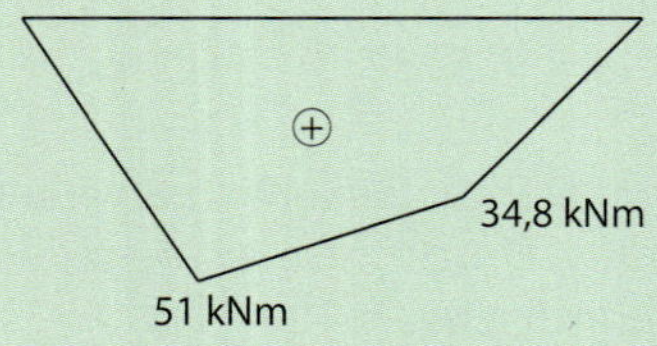

Zur Bestimmung des Momentenverlaufes wird von links nach rechts vorgegangen, wobei negative Momente oberhalb der Nulllinie, positive unterhalb abgetragen werden.

$M_1 = 34\text{ kN} \cdot 1{,}50\text{ m} = 51\text{ kNm}$
$M_2 = 51\text{ kNm} + (-9\text{ kN}) \cdot 1{,}80\text{ m} = 34{,}8\text{ kNm}$
$M_3 = 34{,}8\text{ kNm} + (-29\text{ kN}) \cdot 1{,}20\text{ m} = 0\text{ kNm}$

Zur Berechnung der Momente wird der Inhalt der positiven oder negativen Querkraftfläche berechnet, dabei ist das Moment der vorherigen Stelle zu addieren.

$M_{max} = 51\text{ kNm}$ bei $x = 1{,}50\text{ m}$

Das maximale Moment befindet sich an der Querkraftnullstelle.

Beispiel 2

Berechnen Sie für das statische System
a) die Auflagerkräfte A und B,
b) den Querkraftverlauf,
c) das maximale Biegemoment.

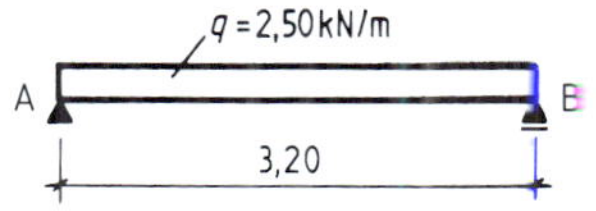

a) Drehpunkt B

$$\Sigma M \curvearrowright = \Sigma M \curvearrowleft$$

$$A \cdot 3{,}20\ \text{m} = 2{,}50\ \frac{\text{kN}}{\text{m}} \cdot 3{,}20\ \text{m} \cdot \frac{3{,}20\ \text{m}}{2}$$

$$= 12{,}8\ \text{kNm}$$

$$A = 4\ \text{kN}$$

oder

$$\boldsymbol{A = B = q \cdot \frac{l}{2}}$$

Drehpunkt A

$$B \cdot 3{,}20\ \text{m} = 2{,}50\ \frac{\text{kN}}{\text{m}} \cdot 3{,}20\ \text{m} \cdot \frac{3{,}20\ \text{m}}{2}$$

$$= 12{,}8\ \text{kNm}$$

$$B = 4\ \text{kN}$$

$$A = B = 2{,}50\ \frac{\text{kN}}{\text{m}} \cdot \frac{3{,}20\ \text{m}}{2}$$

$$A = B = 4\ \text{kN}$$

b)

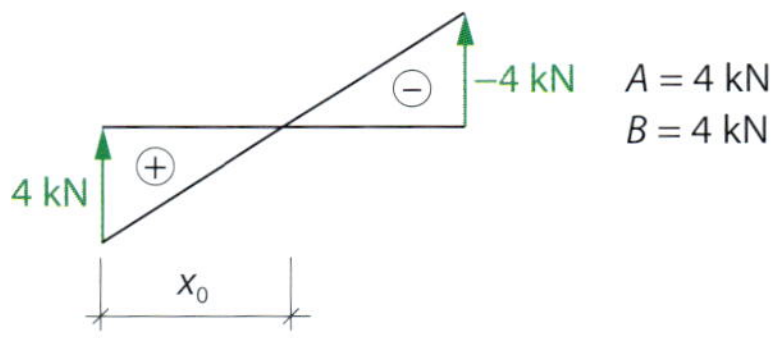

$$V_B = -4\ \text{kN}$$

$$V_A = -4\ \text{kN} + 2{,}5\ \frac{\text{kN}}{\text{m}} \cdot 3{,}20\ \text{m} = 4\ \text{kN}$$

$$x_0 = \frac{V}{q} = \frac{4\ \text{kN}}{2{,}5\ \frac{\text{kN}}{\text{m}}} = 1{,}60\ \text{m}$$

Auf jeden Meter Trägerlänge verringert sich die Querkraft um 2,5 kN.

Die Querkraftnullstelle kann durch den Quotienten aus Querkraft und Streckenlast berechnet werden.

c) $M_{max} = \dfrac{4\ \text{kN} \cdot 1{,}60\ \text{m}}{2} = 3{,}2\ \text{kNm}$

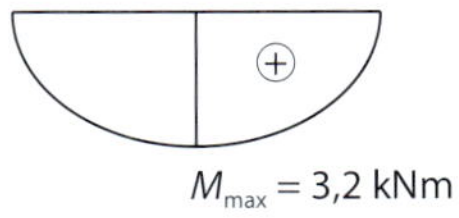

$$M_{max} = \frac{A \cdot \frac{l}{2}}{2} = \frac{A \cdot l}{4}$$

$$= \frac{q \cdot l}{2} \cdot \frac{l}{4} \qquad \left(\text{für } A = \frac{q \cdot l}{2}\right)$$

$$\boldsymbol{M_{max} = \frac{q \cdot l^2}{8}} \qquad \text{Parabelstich}$$

$$M_{max} = 2{,}50\ \frac{\text{kN}}{\text{m}} \cdot \frac{3{,}20^2\ \text{m}^2}{8}$$

$$M_{max} = 3{,}2\ \text{kNm}$$

Um das Moment M_{max} an der Querkraftnullstelle zu bestimmen, wird die Fläche des Dreiecks berechnet.

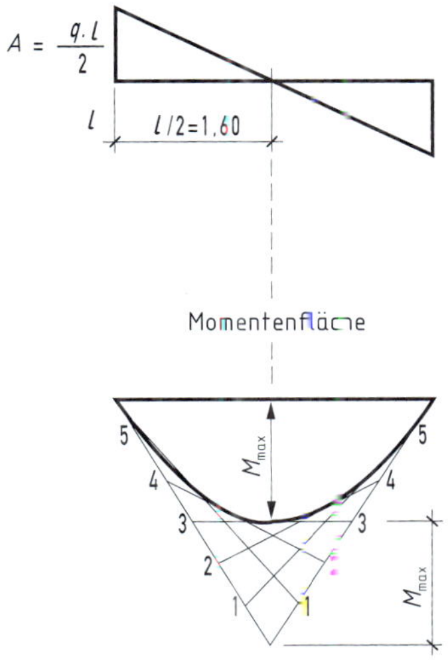

Beispiel 3

Berechnen Sie für das statische System
a) die Auflagerkräfte *A* und *B*,
b) den Querkraftverlauf,
c) das maximale Biegemoment.

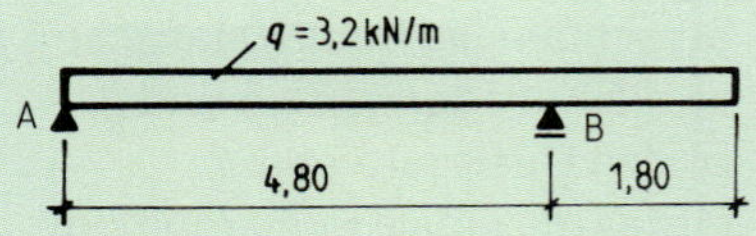

a) Drehpunkt B

$$\Sigma M \curvearrowright = \Sigma M \curvearrowleft$$

$$A \cdot 4{,}80\ \text{m} + 3{,}2\ \frac{\text{kN}}{\text{m}} \cdot \frac{1{,}80\ \text{m}}{2} = 3{,}2\ \frac{\text{kN}}{\text{m}} \cdot \frac{4{,}80\ \text{m}}{2}$$

$$A \cdot 4{,}80\ \text{m} + 5{,}184\ \text{kNm} = 36{,}864\ \text{kNm}$$

$$A \cdot 4{,}80\ \text{m} = 31{,}68\ \text{kNm}$$

$$A = 6{,}60\ \text{kN}$$

Drehpunkt A

$$B \cdot 4{,}80\ \text{m} = 3{,}2\ \frac{\text{kN}}{\text{m}} \cdot 6{,}60\ \text{m} \cdot \frac{6{,}60\ \text{m}}{2}$$

$$= 69{,}696\ \text{kNm}$$

$$B = 14{,}52\ \text{kN}$$

b)

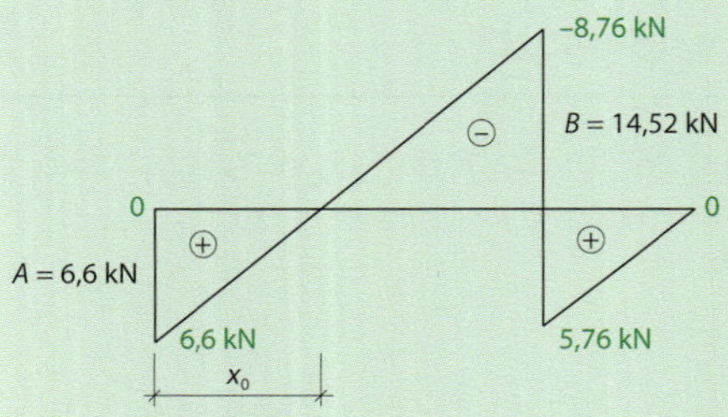

Bei diesem Kragträger bewirkt die Auflagerkraft *B* einen Sprung im Querkraftverlauf. Aus diesem Grund muss die Querkraft rechts und links vom Auflager B betrachtet werden.

$$V_{\text{B, rechts}} = 3{,}2\ \frac{\text{kN}}{\text{m}} \cdot 1{,}80\ \text{m} = 5{,}76\ \text{kN}$$

$$V_{\text{B, links}} = 5{,}76\ \text{kN} - 14{,}52\ \text{kN} = -\,8{,}76\ \text{kN}$$

$$V_{\text{A}} = -8{,}76\ \text{kN} + 3{,}2\ \frac{\text{kN}}{\text{m}} \cdot 4{,}80\ \text{m} = 6{,}6\ \text{kN}$$

$$x_{0,1} = \frac{V}{q} = \frac{6{,}6\ \text{kN}}{3{,}2\ \frac{\text{kN}}{\text{m}}} = 2{,}0625\ \text{m}$$

$$x_{0,2} = 4{,}80\ \text{m}$$

Die zweite Querkraftnullstelle liegt am Auflager B.

c)

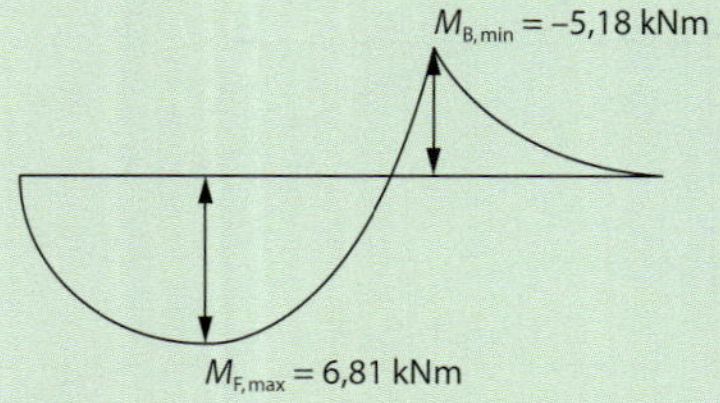

$$M_{\text{F, max}} = \frac{6{,}6\ \text{kN} \cdot 2{,}0625\ \text{m}}{2} = 6{,}81\ \text{kNm}$$

An der ersten Querkraftnullstelle liegt das maximale Feldmoment $M_{\text{F, max}}$.

$$M_{\text{B, min}} = 6{,}81\ \text{kNm} + \frac{-\,8{,}76\ \text{kN} \cdot (4{,}80\ \text{m} - 2{,}0625\ \text{m})}{2}$$

$$= -\,5{,}18\ \text{kNm}$$

An der zweiten Querkraftnullstelle liegt das maximale Stützenmoment $M_{\text{B, min}}$.

$$M_{\text{B, min}} = \frac{-3{,}2\ \frac{\text{kN}}{\text{m}} \cdot (1{,}80\ \text{m})^2}{2} = -\,5{,}18\ \text{kNm}$$

Das Stützenmoment kann auch über $M_{\text{B, min}} = -\frac{q \cdot l^2}{2}$ berechnet werden.

Aufgaben

92. Berechnen Sie für das statische System
a) die Auflagerkräfte A und B,
b) den Querkraftverlauf,
c) das maximale Biegemoment.

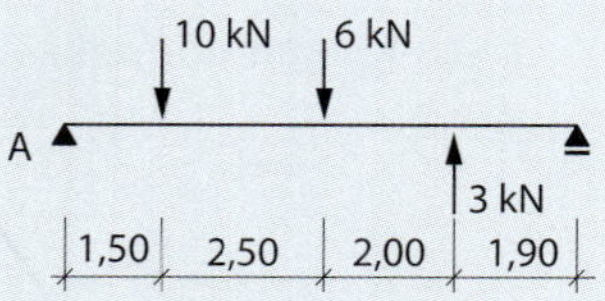

93. Berechnen Sie für das statische System
a) die Auflagerkräfte A und B,
b) den Querkraftverlauf,
c) das maximale Biegemoment.

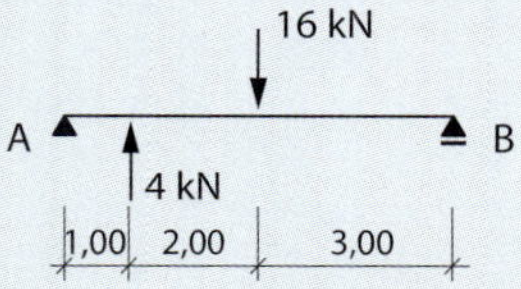

94. Berechnen Sie für das statische System
a) die Auflagerkräfte A und B,
b) den Querkraftverlauf,
c) das maximale Biegemoment.

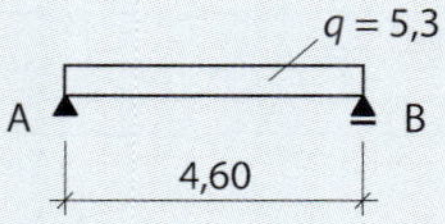

95. Berechnen Sie für das statische System
a) die Auflagerkräfte A und B,
b) den Querkraftverlauf,
c) das maximale Biegemoment.

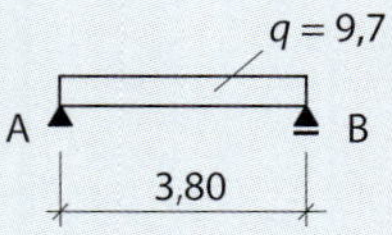

96. Berechnen Sie für das statische System
a) die Auflagerkräfte A und B,
b) den Querkraftverlauf,
c) das maximale Biegemoment.

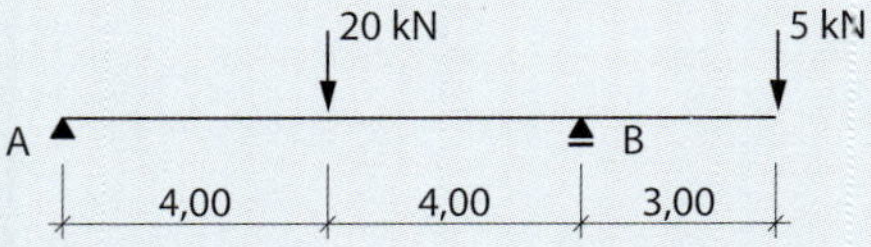

97. Berechnen Sie für das statische System
a) die Auflagerkräfte A und B,
b) den Querkraftverlauf,
c) das maximale Biegemoment.

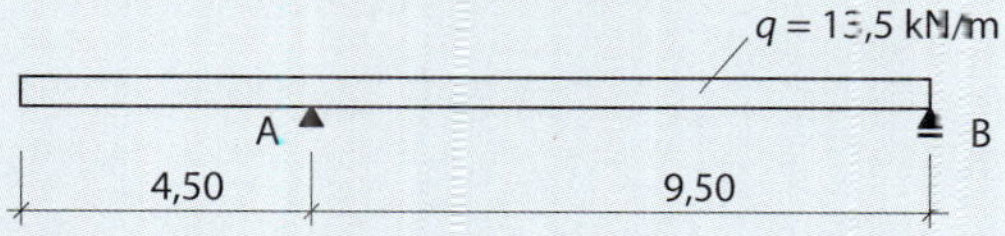

98. Berechnen Sie für das statische System
a) die Auflagerkräfte A und B,
b) den Querkraftverlauf,
c) das maximale Biegemoment.

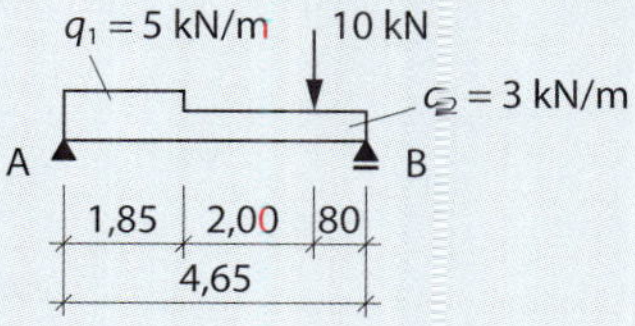

99. Berechnen Sie für das statische System
a) die Auflagerkräfte A und B,
b) den Querkraftverlauf,
c) das maximale Biegemoment.

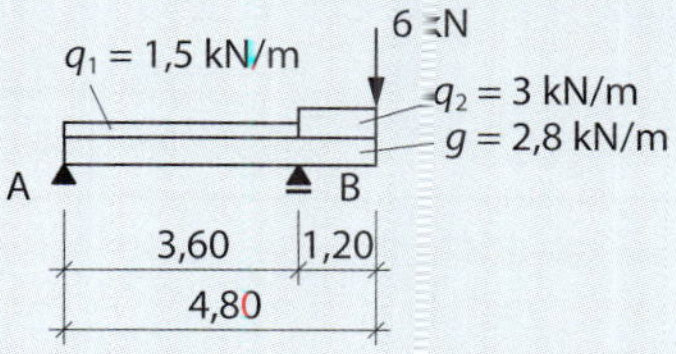

100. Berechnen Sie für das statische System
a) die Auflagerkräfte A und B,
b) den Querkraftverlauf,
c) das maximale Biegemoment.

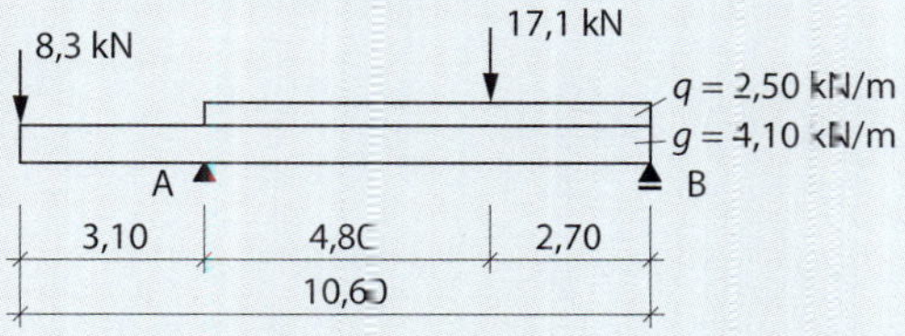

101. Berechnen Sie für das statische System
a) die Auflagerkräfte A und B,
b) den Querkraftverlauf,
c) das maximale Biegemoment.

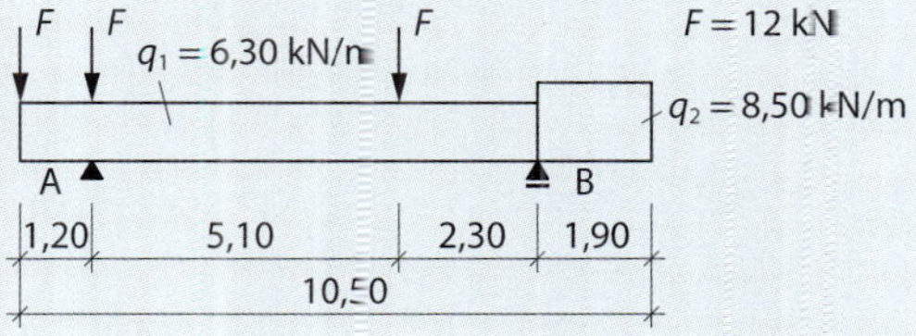

9 Dimensionierung eines Balkens

Beispiel 1 Für einen Holzbalken (GL24h) mit der Breite $b = 10$ cm ist die Höhe h gesucht.

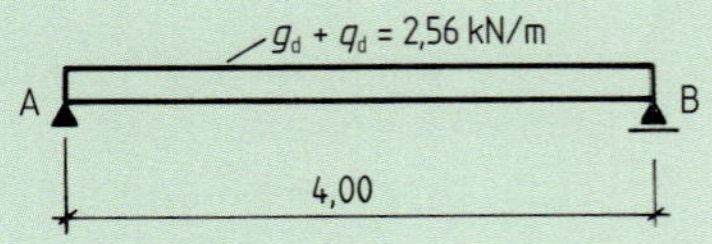

$$M_{max} = \frac{(g_d + q_d) \cdot l^2}{8} = \frac{2{,}56\,\frac{kN}{m} \cdot (4{,}00\,m)^2}{8} = 5{,}12\,kNm$$

Berechnung des maximalen Biegemoments (siehe Kapitel 8)

Biegespannungsnachweis

$$\sigma_{m,d} = \frac{1000 \cdot M_d}{W_n} \le f_{m,d} \quad \rightarrow \quad W_{n,erf} = \frac{1000 \cdot M_d}{f_{m,d}}$$

mit $\sigma_{m,d}$ MPa (N/mm²), M_d [kNm], W_n [cm³], $f_{m,d}$ MPa (N/mm²)

Das Widerstandsmoment W_n ist der Widerstand, den ein Balken der Biegung entgegensetzt.

$$W_n = \frac{b \cdot h^2}{6} \quad \rightarrow \quad h_{erf} = \sqrt{\frac{6 \cdot W_n}{b}}$$

W_n eingesetzt:

$$h_{erf} = \sqrt{\frac{6000 \cdot M_d}{f_{m,d} \cdot b}}$$

aus Tabelle S. 51:
$f_{m,d} = 14{,}77$ MPa (N/mm²)

$$h_{erf} = \sqrt{\frac{6000 \cdot 5{,}12\,kNm}{14{,}77\,\frac{N}{mm^2} \cdot 10\,cm}} = 14{,}42\,cm$$

gewählt: $h = 16$ cm

Beispiel 2 Gesucht ist ein Stahlträger aus der IPE-Reihe.

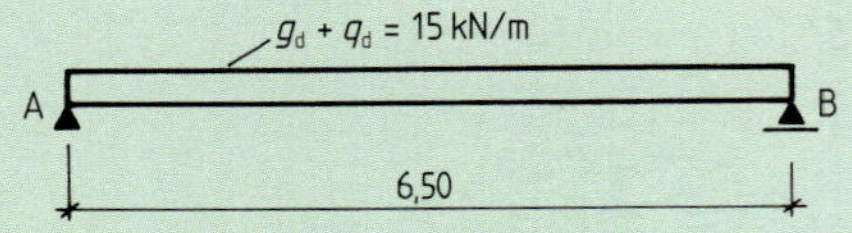

$$M_{max} = \frac{(g_d + q_d) \cdot l^2}{8} = \frac{15{,}0\,\frac{kN}{m} \cdot (6{,}50\,m)^2}{8} = 79{,}22\,kNm$$

Berechnung des maximalen Biegemoments (siehe Kapitel 8)

Biegespannungsnachweis

$$\sigma_{m,d} = \frac{1000 \cdot M_d}{W_n} \le f_{y,d}$$

mit $\sigma_{m,d}$ MPa (N/mm²), M_d [kNm], W_n [cm³], $f_{y,d}$ MPa (N/mm²)

aufgelöst nach W_n

$$W_n = \frac{1000 \cdot M_d}{f_{y,d}}$$

mit $f_{y,d} = \frac{f_{y,k}}{\gamma_M}$ mit $\gamma_M = 1{,}0$

$$W_n = \frac{1000 \cdot 79{,}22\,kNm}{235\,\frac{N}{mm^2}} = 337{,}11\,cm^3$$

S235 → $f_{y,k} = 235$ MPa (N/mm²)

$$f_{y,d} = \frac{235\,MPa\,(N/mm^2)}{1{,}0} = 235\,MPa\,(N/mm^2)$$

gewählt nach Tabelle: IPE 270 mit $W_y = 429$ cm³

Mittelbreite I-Träger mit parallelen Flanschen – IPE-Reihe

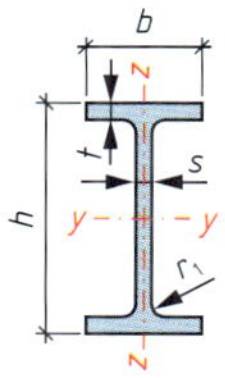

Kurzzeichen IPE	Abmessungen in mm				Querschnittsfläche *S* [mm²]	Längenbezogene Masse [kg/m]	Trägheitsmomente *I* [cm⁴] und Widerstandsmomente *W* [cm³]			
	h	*b*	*s*	*t*			I_y	W_y	I_z	W_z
80	80	46	3,8	5,2	764	6,0	80,1	20,0	8,49	3,69
100	100	55	4,1	5,7	1 030	8,1	171	34,2	15,9	5,79
120	120	64	4,4	6,3	1 320	10,4	318	53,0	27,7	8,65
140	140	73	4,7	6,9	1 640	12,9	541	77,3	44,9	12,3
160	160	82	5,0	7,4	2 010	15,8	869	109	68,3	16,7
180	180	91	5,3	8,0	2 390	18,8	1 320	146	101	22,2
200	200	100	5,6	8,5	2 850	22,4	1 940	194	142	28,5
220	220	110	5,9	9,2	3 340	26,2	2 770	252	205	37,3
240	240	120	6,2	9,8	3 910	30,7	3 890	324	284	47,3
270	270	135	6,6	10,2	4 590	36,1	5 790	429	420	62,2
300	300	150	7,1	10,7	5 380	42,2	8 360	557	604	80,5
330	330	160	7,5	11,5	6 260	49,1	11 770	713	788	98,5
360	360	170	8,0	12,7	7 270	57,1	16 270	904	1040	123
400	400	180	8,6	13,5	8 450	66,3	23 130	1160	1320	146
450	450	190	9,4	14,6	9 880	77,6	33 740	1500	1680	176
500	500	200	10,2	16,0	11 600	90,7	48 200	1930	2140	214
550	550	210	11,1	17,2	13 400	106	67 120	2440	2670	254
600	600	220	12,0	19,0	15 600	122	92 080	3070	3390	308

Breite I-Träger mit parallelen Flanschflächen – IPBl-Reihe

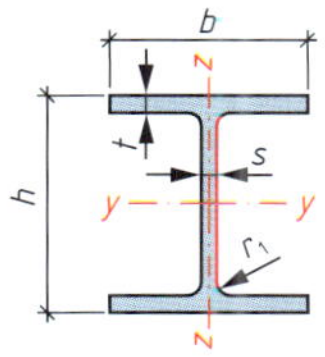

Kurzzeichen IPBl	Abmessungen in mm				Querschnittsfläche *S* [mm²]	Längenbezogene Masse [kg/m]	Trägheitsmomente *I* [cm⁴] und Widerstandsmomente *W* [cm³]			
	h	*b*	*s*	*t*			I_y	W_y	I_z	W_z
100	96	100	5	8	2 120	16,7	349	72,8	134	25,8
120	114	120	5	8	2 530	19,9	606	106	231	38,5
140	133	140	5,5	8,5	3 140	24,7	1 030	155	389	55,6
160	152	160	6	9	3 880	30,4	1 670	220	616	76,9
180	171	180	6	9,5	4 530	35,5	2 510	294	925	103
200	190	200	6,5	10	5 380	42,3	3 690	389	1 340	134
220	210	220	7	11	6 430	50,5	5 410	515	1 950	178
240	230	240	7,5	12	7 680	60,3	7 760	675	2 770	231
260	250	260	7,5	12,5	8 680	68,2	10 450	836	3 670	282

Kurzzeichen IPBl	Abmessungen in mm				Querschnittsfläche S [mm^2]	Längenbezogene Masse [kg/m]	Trägheitsmomente I [cm^4] und Widerstandsmomente W [cm^3]			
	h	b	s	t			I_y	W_y	I_z	W_z
280	270	280	8	13	9730	76,4	13670	1010	4760	340
300	290	300	8,5	14	11200	88,3	18260	1260	6310	421
320	310	300	9	15,5	12400	97,6	22930	1480	6990	466
340	330	300	9,5	16,5	13300	105	27690	1680	7440	496
360	350	300	10	17,5	14300	112	33090	1890	7890	526
400	390	300	11	19	15900	125	45070	2310	8560	571
450	440	300	11,5	21	17800	140	63720	2900	9470	631
500	490	300	12	23	19800	155	86970	3550	10370	691

U-Profilstahl mit geneigten Flanschflächen

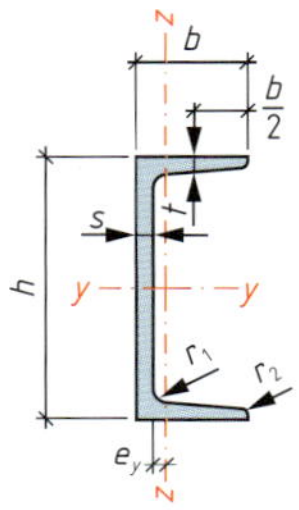

Kurzzeichen [	Abmessungen in mm				Querschnittsfläche S [mm^2]	Längenbezogene Masse [kg/m]	Trägheitsmomente I [cm^4] und Widerstandsmomente W [cm^3]			
	h	b	s	t			I_y	W_y	I_z	W_z
30 × 15	30	15	4	4,5	221	1,74	2,53	1,69	0,38	0,39
30	30	33	5	7	544	4,27	6,39	4,26	5,33	2,68
40 × 20	40	20	5	5,5	366	2,87	7,58	3,79	1,14	0,86
40	40	35	5	7	621	4,87	14,1	7,05	6,68	3,08
50 × 25	50	25	5	6	492	3,86	16,8	6,73	2,49	1,48
50	50	38	5	7	712	5,59	26,4	10,6	9,12	3,75
60	60	30	6	6	646	5,07	31,6	10,5	4,51	2,16
80	80	45	6	8	1100	8,64	106	26,5	19,4	6,36
100	100	50	6	8,5	1350	10,6	206	41,2	29,3	8,49
120	120	55	7	9	1700	13,4	364	60,7	43,2	11,1
140	140	60	7	10	2040	16,0	605	86,4	62,7	14,8
160	160	65	7,5	10,5	2400	18,8	925	116	85,3	18,3
180	180	70	8	11	2800	22,0	1350	150	114	22,4
200	200	75	8,5	11,5	3220	25,3	1910	191	148	27,0
220	220	80	9	12,5	3740	29,4	2690	245	197	33,6
240	240	85	9,5	13	4230	33,2	3600	300	248	39,6
260	260	90	10	14	4830	37,9	4820	371	317	47,7
280	280	95	10	15	5330	41,8	6280	448	399	57,2
300	300	100	10	16	5880	46,2	8030	535	495	67,8
320	320	100	14	17,5	7580	59,5	10870	679	597	80,6
380	380	102	13,5	16	8040	63,1	15760	829	615	78,7
400	400	110	14	18	9150	71,8	20350	1020	846	102

Aufgaben

102. Wie groß sind die Biegespannungen im Deckenbalken bei
a) Hochkantlagerung,
b) Breitkantlagerung des Balkens?

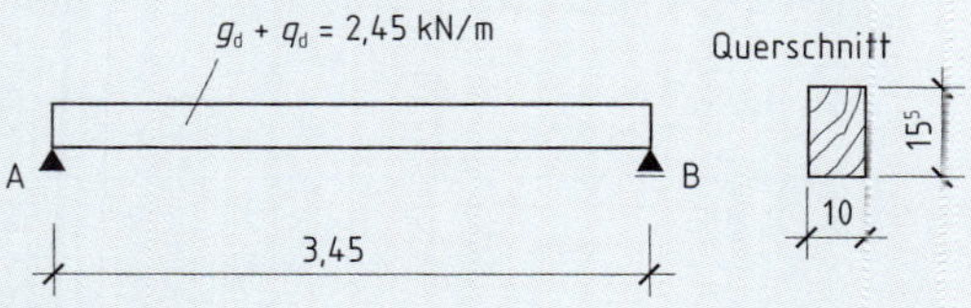

103. Welche Abmessungen ergeben sich für den Balken einer Holzbalkendecke?

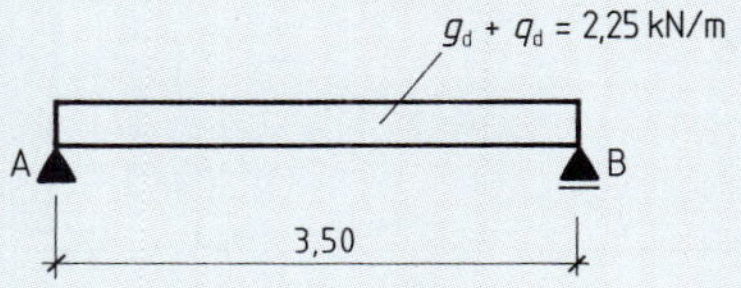

104. a) Skizzieren Sie den Querkraftverlauf.
b) Wie viel m vom Auflager A entfernt liegt die Querkraftnullstelle?
c) Dimensionieren Sie ein U-Profil aus S235JRG2.

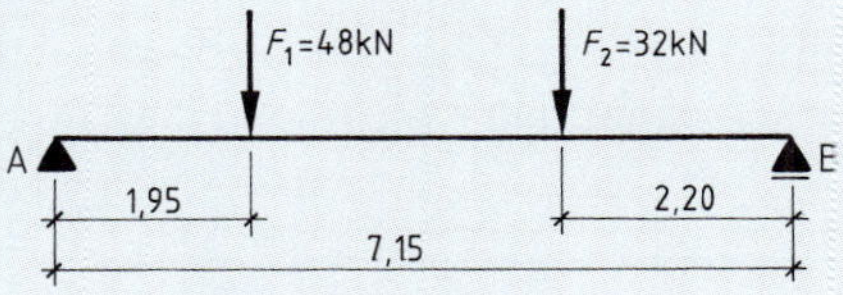

105. a) Ermitteln Sie den Querkraftverlauf.
b) Wie viel m vom Auflager A entfernt ist die Querkraftnullstelle?
c) Dimensionieren Sie ein I-Profil aus der HE (PB)-Reihe.
d) Zeichnen Sie den Momentenverlauf.

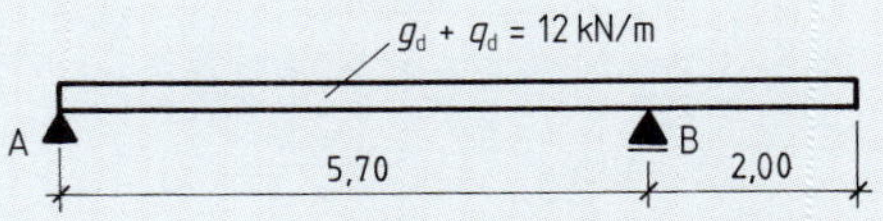

106. Ein Holzbalken C24, der mit einer Gleichstreckenlast von $q_d = 3{,}45$ kN/m belastet wird, hat die Querschnittsabmessung von 12,5 × 19,5 cm.
Ermitteln Sie für den Balken
a) das maximale Trägheitsmoment,
b) das maximale Widerstandsmoment,
c) die maximalen Biegespannungen bei Hochkant- bzw. Breitkantlagerung.

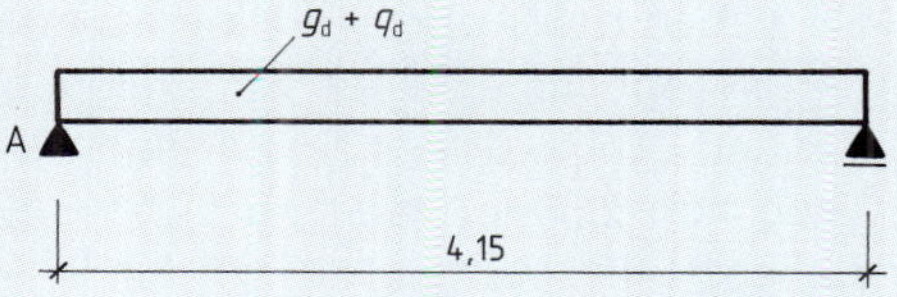

107. Dimensionieren Sie den Holzbalken C24 bei einer Balkenhöhe von $h = 24$ cm.

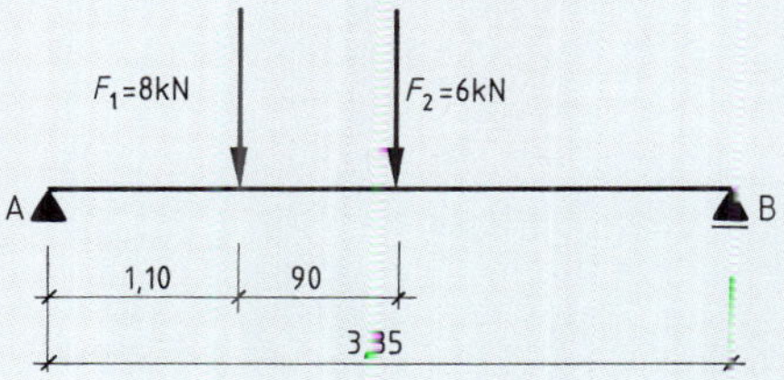

108. Ermitteln Sie die Größe des Querschnittsprofils für das Formstahlprofil IPB.

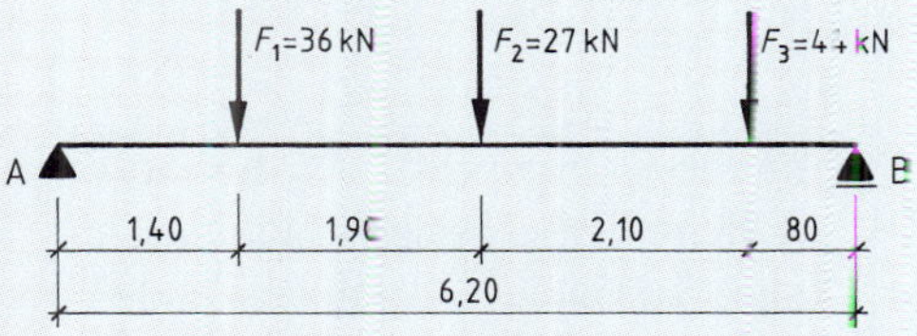

109. Welche Höhe muss der Kragträger in Holz C24 bei einer Breite von 8 cm erhalten?

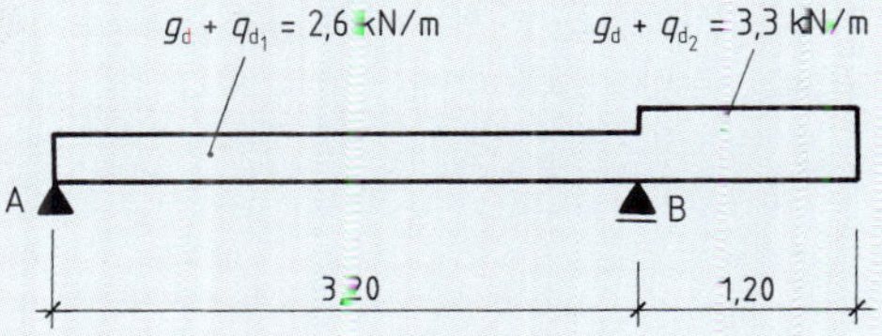

Aufgaben

110. In einem Altbau ist ein Stahlträger einzubauen. Aus konstruktiven Gründen darf der Träger höchstens 200 mm hoch sein. Dimensionieren Sie den Stahlträger.

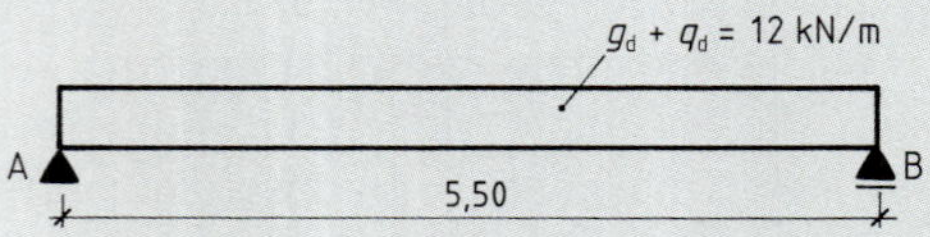

111. Sie haben den Auftrag in einem bestehenden Wohnhaus in einer vorhandenen, tragenden 30 cm dicken Wand einen Durchgang von 2,80 m Breite im Lichten herzustellen.
Sie entscheiden sich, folgende Abfangkonstruktion einzubauen.

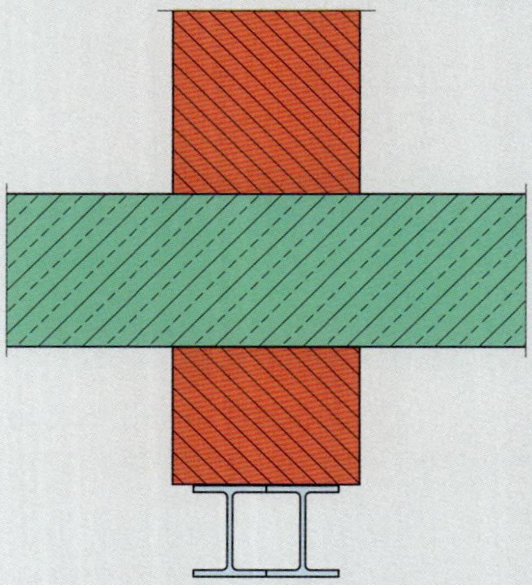

Die abzufangende Last beträgt $g_d + q_d$ = 34 KN/m einschließlich Eigenlast der Stahlträger sowie deren späterer Verkleidung.
Bemessen Sie die zwei nebeneinanderliegenden Stahlträger aus S235JR auf Biegung. Wählen Sie möglichst einen IPBl-Träger aus.

112. Die Mittelwand einer Doppelgarage besteht aus Kalksandlochsteinen. Der neue Garagenbesitzer möchte die halbe Mittelwand l = 4,00 m durch einen IPBl-Träger ersetzen. Berechnen Sie, welchen IPBl-Träger er wählen muss, wenn die Auflagerbreite des Trägers jeweils 15 cm betragen soll.
Belastung des Stahlträgers einschließlich Eigenlast = 36,5 KN/m.

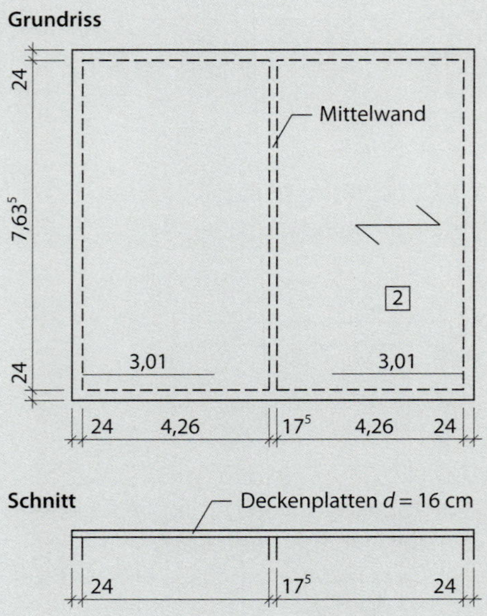

113. Dimensionieren Sie den Holzbalken C30 bei einer Balkenbreite von 16 cm.

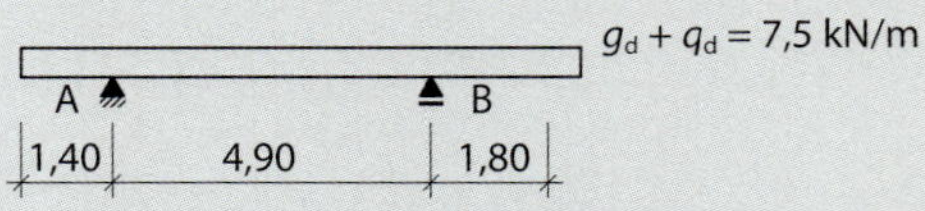

114. Erfüllt der Kragträger C24 den Biegespannungsnachweis, wenn die Querschnittsabmessung 10 × 22 cm beträgt?

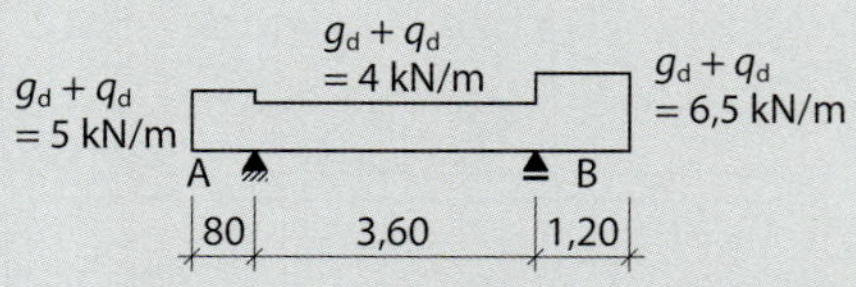

10 Knicksicherheitsnachweis (Ersatzstabverfahren)

Schlanke Druckstäbe laufen Gefahr, durch „Ausknicken“ zu versagen. Mit dem sogenannten Ersatzstabverfahren wird die Stabilität des Stabes – also seine Knicksicherheit – im Grenzzustand der Tragfähigkeit nachgewiesen. Bei diesem Verfahren dient das Knickverhalten eines beidseitig gelenkig gelagerten Stabes (= Pendelstütze) als Referenz. Auf diesen „Ersatzstab“ werden anders gelagerte Fälle zurückgeführt.

Ermittlung der Ersatzstablänge l_0

Allgemein gilt $l_0 = \beta \cdot l_{col}$

Der Knicklängenbeiwert β ist für einfache Fälle angegeben.

einseitig eingespannt mit freiem Ende | Pendelstütze | einseitig voll eingespannt | zweiseitig voll eingespannt

Schlankheit λ, Flächenmoment I und Knickbeiwert k_c

Berechnung des jeweiligen Schlankheitsgrades $\lambda = \frac{l_0}{i}$

mit Trägheitsradius i [cm] $i = \sqrt{\frac{I}{A}} \approx 0{,}289 \cdot h$ bzw. $i = \sqrt{\frac{I}{A}} \approx 0{,}289 \cdot b$

für rechteckige Querschnitte (b/h), wobei der kleinere Wert für den Trägheitsradius i maßgebend ist.

Der Trägheitsradius i [cm] ist ein Maß für die Steifigkeit eines Querschnitts gegen Knicken. Er beschreibt das Verhältnis von Flächenmoment I zu Querschnitt A.

$$i = \sqrt{\frac{I}{A}} \approx 0{,}289 \cdot d \quad \textbf{für Kreisquerschnitte}$$

Das Flächenmoment I [cm⁴] ist ein Maß für die Eignung eines Querschnitts bei Knickbeanspruchung. Je nachdem, welche Knickrichtung zugrunde gelegt wird, gilt

für den Rechteckquerschnitt

$$I_y = \frac{b \cdot h^3}{12} \qquad I_z = \frac{b^3 \cdot h}{12}$$

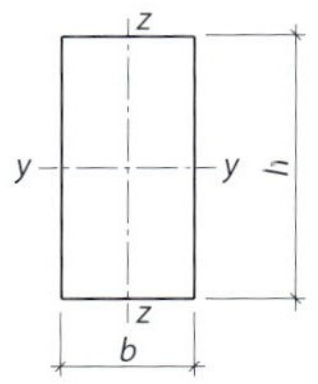

für den Kreisquerschnitt

$$I_y = I_z = \frac{\pi \cdot d^4}{64}$$

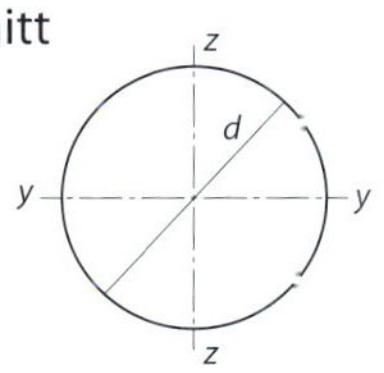

Mithilfe von Tabellen kann über die Schlankheit λ, die Holzart und die Festigkeitsklasse der Knickbeiwert k_c bestimmt werden.

Beiwert k_c für den Knicknachweis bei Holz

λ	C24	C30	GL24		GL28		GL30		GL32	
			c	*h*	*c*	*h*	*c*	*h*	*c*	*h*
0–15	1,0	1,0	1,0		1,0		1,0		1,0	
20	0,991	0,991	0,999	0,998	0,999	0,997	1,000	0,997	1,000	0,997
25	0,970	0,970	0,990	0,988	0,991	0,987	0,991	0,987	0,992	0,986
30	0,947	0,947	0,980	0,978	0,980	0,975	0,981	0,976	0,982	0,975
35	0,919	0,919	0,968	0,965	0,969	0,961	0,969	0,962	0,971	0,960
40	0,885	0,885	0,953	0,948	0,954	0,943	0,955	0,944	0,957	0,942
45	0,844	0,843	0,933	0,926	0,935	0,919	0,937	0,920	0,940	0,917
50	0,794	0,793	0,907	0,897	0,910	0,885	0,913	0,887	0,918	0,882
55	0,736	0,734	0,872	0,856	0,876	0,839	0,880	0,841	0,887	0,835
60	0,673	0,671	0,825	0,803	0,830	0,779	0,836	0,782	0,847	0,774
65	0,610	0,608	0,766	0,739	0,774	0,711	0,781	0,714	0,795	0,704
70	0,550	0,548	0,702	0,671	0,710	0,641	0,718	0,644	0,735	0,634
75	0,495	0,494	0,636	0,605	0,645	0,575	0,654	0,578	0,672	0,568
80	0,446	0,445	0,575	0,544	0,583	0,516	0,592	0,519	0,610	0,510
85	0,403	0,402	0,519	0,490	0,527	0,464	0,535	0,467	0,553	0,458
90	0,365	0,364	0,470	0,443	0,477	0,418	0,485	0,421	0,501	0,413
95	0,332	0,331	0,426	0,401	0,433	0,379	0,440	0,381	0,455	0,374
100	0,303	0,302	0,388	0,365	0,394	0,344	0,401	0,346	0,415	0,340
105	0,277	0,276	0,354	0,333	0,360	0,314	0,366	0,316	0,379	0,310
110	0,254	0,253	0,324	0,305	0,330	0,287	0,336	0,289	0,348	0,283
115	0,234	0,233	0,298	0,280	0,303	0,264	0,309	0,266	0,320	0,260
120	0,216	0,216	0,275	0,258	0,280	0,243	0,285	0,245	0,295	0,240
125	0,200	0,200	0,254	0,239	0,259	0,225	0,263	0,226	0,273	0,222
130	0,186	0,185	0,236	0,221	0,240	0,208	0,244	0,210	0,253	0,206
135	0,173	0,173	0,219	0,206	0,223	0,194	0,227	0,195	0,236	0,191
140	0,162	0,161	0,204	0,192	0,208	0,181	0,212	0,182	0,220	0,178
145	0,151	0,151	0,191	0,179	0,194	0,169	0,198	0,170	0,205	0,166
150	0,142	0,141	0,179	0,168	0,182	0,158	0,185	0,159	0,192	0,156

Empfehlung: Schlankheiten λ von 150 sollten für übliche Bauteile (Pfosten, Stützen) nicht überschritten werden.

Knickspannungsnachweis

Nachweis mit vorgegebenen Einheiten $\sigma_{c,0,d}$ [MPa (N/mm²)], $F_{c,d}$ [kN], A [cm²] und $f_{c,0,d}$ [MPa (N/mm²)]

Spannungsnachweis

$$\sigma_{c,0,d} = \frac{10 \cdot F_{c,d}}{A} \leq k_c \cdot f_{c,0,d}$$

Ausnutzungsgrad

$$\frac{\sigma_{c,0,d}}{k_c \cdot f_{c,0,d}} \leq 1$$

jeweils mit A = Bruttoquerschnittsfläche

Bemessungswerte der Festigkeiten f_d für ausgesuchte Nadelhölzer und Brettschichthölzer

			Nadelholz (NH)		Brettschichtholz (BSH)					
Festigkeitsklasse			**C24[1]**	**C30**	**GL24h[2]**	**GL24c[2]**	**GL28h**	**GL28c**	**GL32h**	**GL32c**
Biegung		$f_{m,d}$	14,77	18,46	14,77	14,77	17,23	17,23	19,69	19,69
Zug	parallel	$f_{t,0,d}$	8,62	11,08	10,15	8,62	12,00	10,15	13,85	12,00
	rechtwinklig	$f_{t,90,d}$	0,25		0,31					
Druck	parallel	$f_{c,0,d}$	12,92	14,15	14,77	12,92	16,31	14,77	17,85	16,31
	rechtwinklig	$f_{c,90,d}$	1,54	1,66	1,66	1,48	1,85	1,66	2,03	1,85
Schub		$f_{v,d}$	1,23		1,54					

[1] z. B. C24: Nadelholz (engl. coniferous wood) mit charakteristischer Biegezugfestigkeit von 24 MPa (N/mm²)
[2] z. B. GL24: Brettschichtholz (engl. glue laminated timber) mit charakteristischer Biegezugfestigkeit von 24 MPa (N/mm²)
(h: homogenes BSH, c: kombiniert symmetrisch aufgebautes BSH)

Beispiel Für eine 2,50 m lange Pendelstütze ist der Knickspannungsnachweis durchzuführen.

Knicklänge

$$l_0 = \beta \cdot l_{col} = 1 \cdot 250 \text{ cm} = 250 \text{ cm}$$

Schlankheit

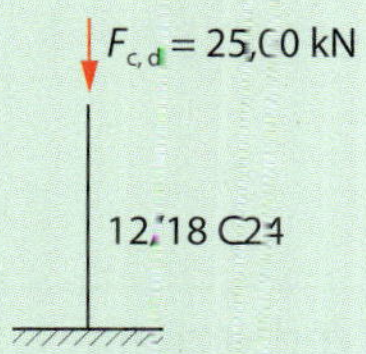

$$\lambda = \frac{l_0}{0{,}289 \cdot b} = \frac{250 \text{ cm}}{0{,}289 \cdot 12 \text{ cm}} = 72{,}1 \approx 72$$

$$\lambda = \frac{l_0}{0{,}289 \cdot h} = \frac{250 \text{ cm}}{0{,}289 \cdot 18 \text{ cm}} = 48{,}1 \approx 48$$

$\rightarrow$ somit $\lambda = 72$ maßgebend

Knickbeiwert

aus Tabelle $\rightarrow$ $k_c = 0{,}550$ für $\lambda = 70$
$k_c = 0{,}495$ für $\lambda = 75$

$$k_c = 0{,}495 + \frac{(75 - 72) \cdot (0{,}550 - 0{,}495)}{75 - 70} = 0{,}528$$

Knickspannungsnachweis

mit $f_{c,0,d} = 12{,}92$ MPa (N/mm²)

$$\sigma_{c,0,d} = \frac{10 \cdot F_{c,d}}{A} = \frac{10 \cdot 25{,}00 \text{ kN}}{12 \text{ cm} \cdot 18 \text{ cm}} = 1{,}157 \text{ MPa (N/mm}^2\text{)}$$

$$k_c \cdot f_{c,0,d} = 0{,}528 \cdot 12{,}92 \text{ MPa (N/mm}^2\text{)} = 6{,}822 \text{ MPa (N/mm}^2\text{)}$$

$\sigma_{c,0,d} < k_c \cdot f_{c,0,d} \rightarrow$ Nachweis erfüllt

Ausnutzungsgrad

$$\frac{\sigma_{c,0,d}}{k_c \cdot f_{c,0,d}} = \frac{1{,}157 \text{ MPa (N/mm}^2\text{)}}{6{,}822 \text{ MPa (N/mm}^2\text{)}} = 0{,}17 < 1$$

11 Holzverbindungen

Im traditionellen Fachwerkbau kommen einfache Stirnversätze zum Einsatz, um beispielsweise einen Sparren oder eine Strebe mit einem Balken bzw. einer Schwelle zu verbinden. Dabei wird die Kontaktfläche auf Druck und das Vorholz der Schwelle auf Abscheren beansprucht. Dementsprechend muss die Versatztiefe groß genug gewählt werden, darf aber den Querschnitt nicht zu sehr schwächen. Weiterhin muss eine ausreichend große Vorholzlänge vorhanden sein.

Beispiel 1

Bestimmen Sie für den einfachen Stirnversatz die Versatztiefe t_V und Vorholzlänge l_V.

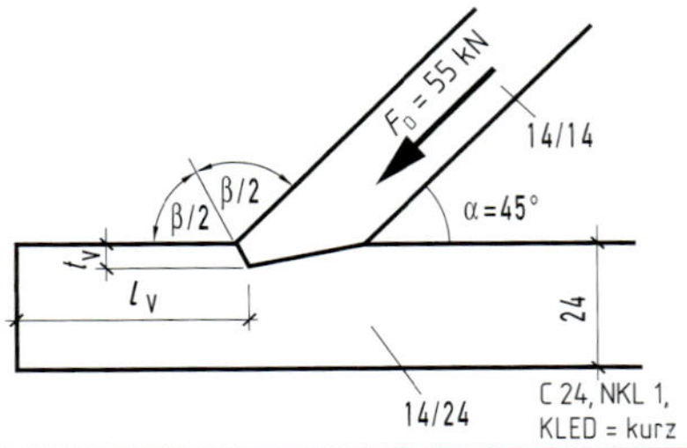

Versatztiefe t_V

aus Tabelle:

$$f^*_{SV,d} = 0{,}692 \cdot 17{,}54\,\frac{N}{mm^2} = 12{,}14\,\frac{N}{mm^2}$$

$$t_{V,erf} = 10 \cdot \frac{55\text{ kN}}{14{,}0\text{ cm} \cdot 12{,}14\,\frac{N}{mm^2}} = 3{,}236\text{ cm}$$

$$t_{V,zul} \leq \frac{h}{4} = \frac{24\text{ cm}}{4} = 6{,}0\text{ cm}$$

gewählt: $t_V = 3{,}5$ cm

b_D: Breite des Druckstabes
b_S: Breite der Schwelle

$$\boldsymbol{t_{V,erf} = 10 \cdot \frac{F_d}{b_D \cdot f^*_{SV,d}}}$$

$f^*_{SV,d}$ aus Tabelle

für $\alpha \leq 50°$: $t_{V,zul} \leq \frac{h}{4}$

für $50° < \alpha \leq 60°$: $t_{V,zul} \leq \frac{h}{4} \cdot \left(1 - \frac{\alpha - 50°}{30°}\right)$

für $\alpha > 60°$: $t_{V,zul} \leq \frac{h}{6}$

Vorholzlänge l_V

aus Tabelle:

$$f^*_{v,d} = 0{,}692 \cdot 2{,}83\,\frac{N}{mm^2} = 1{,}958\,\frac{N}{mm^2}$$

$$l_{V,erf} = 10 \cdot \frac{55\text{ kN}}{14{,}0\text{ cm} \cdot 1{,}958\,\frac{N}{mm^2}} = 20{,}06\text{ cm}$$

$20{,}06\text{ cm} \leq 8 \cdot t_V = 8 \cdot 3{,}5\text{ cm} = 28{,}0\text{ cm}$

gewählt: $l_V = 30{,}0$ cm

$$\boldsymbol{l_{V,erf} = 10 \cdot \frac{F_d}{b_S \cdot f^*_{v,d}} \geq 8 \cdot t_V}$$

konstruktiv: $l_V \geq 20{,}0$ cm

Ersatzfestigkeiten $f^*_{SV,k}$, $f^*_{FV,k}$ und $f^*_{v,k}$ für Versätze (γ = Anschlusswinkel)

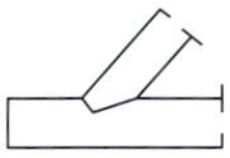

Stirnversatz: $f^*_{SV,k}$										
γ [°]	C24	C30	GL24		GL28		GL30		GL32	
			c	*h*	*c*	*h*	*c*	*h*	*c*	*h*
30	19,16	20,34	18,55	19,68	19,68	21,16	19,88	21,78	19,88	22,32
35	18,61	19,65	17,85	18,74	18,74	19,87	18,90	20,33	18,90	20,73
40	18,07	18,99	17,19	17,89	17,89	18,74	18,01	19,08	18,01	19,37
45	17,54	18,37	16,59	17,14	17,14	17,79	17,23	18,04	17,23	18,25
50	17,05	17,83	16,08	16,50	16,50	17,00	16,58	17,18	16,58	17,34
55	16,63	17,38	15,67	15,99	15,99	16,37	16,05	16,51	16,05	16,62
60	16,28	17,02	15,35	15,60	15,60	15,89	15,64	15,99	15,64	16,08

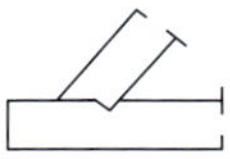

Fersenversatz: $f^*_{FV,k}$										
γ [°]	C24	C30	GL24		GL28		GL30		GL32	
			c	*h*	*c*	*h*	*c*	*h*	*c*	*h*
30	14,10	14,74	13,29	13,51	13,51	13,76	13,55	13,85	13,55	13,93
35	13,01	13,64	12,33	12,45	12,45	12,59	12,47	12,64	12,47	12,68
40	12,23	12,87	11,67	11,73	11,73	11,81	11,75	11,84	11,75	11,86
45	11,76	12,43	11,31	11,35	11,35	11,39	11,35	11,40	11,35	11,42
50	11,61	12,33	11,26	11,28	11,28	11,30	11,28	11,31	11,28	11,32
55	11,83	12,62	11,56	11,57	11,57	11,58	11,57	11,59	11,57	11,59
60	12,51	13,38	12,29	12,30	12,30	12,31	12,30	12,31	12,30	12,31

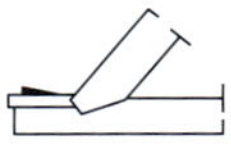

Abscheren im Vorholz: $f^*_{v,k}$										
γ [°]	C24	C30	GL24		GL28		GL30		GL32	
			c	*h*	*c*	*h*	*c*	*h*	*c*	*h*
30	2,31		2,89							
35	2,44		3,05							
40	2,61		3,26							
45	2,83		3,53							
50	3,11		3,89							
55	3,49		4,36							
60	4,00		5,00							

Die Werte für $f^*_{i,k}$ sind in Abhängigkeit von der KLED[1] und der NKL[2] wie folgt zu modifizieren: ($\cdot\, k_{mod}/\gamma_M$)	KLED =	ständig	lang	mittel	kurz	k./sehr k.
	NKL = 1 u. 2	0,462	0,533	0,615	0,692	0,769
	NKL = 3	0,385	0,423	0,500	0,538	0,615

[1] KLED: Klasse der Lasteinwirkungsdauer
[2] NKL: Nutzungsklasse

Im modernen Holzbau kommen häufig Verbindungsmittel, z. B. Nagelverbindungen zum Einsatz, deren Tragfähigkeit nachgewiesen werden muss.

Beispiel 2

Bestimmen Sie den Nenndurchmesser, die Länge und die Anzahl der glattschaftigen vorgebohrten Nägel bei einer Laschendicke von 4,5 cm.

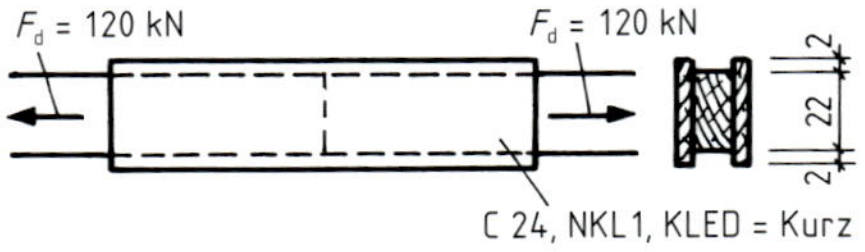

Nenndurchmesser *d*

$$d = \frac{t_{req}}{9} = \frac{45\ \text{mm}}{9} = 5{,}0\ \text{mm}$$

Mindestholzdicke t_{req}

$$\boldsymbol{t_{req} = 9 \cdot d}$$

Nagellänge l_n

$$t_{E,req} = 9 \cdot d = 9 \cdot 5{,}0\ \text{mm} = 45\ \text{mm}$$

$$l_n = t_{req} + t_{E,req} = 45\ \text{mm} + 45\ \text{mm} = 90\ \text{mm}$$

gewählt aus Tabelle: Nagel 5,0 × 140

Mindesteinschlagtiefe $t_{E,req}$

$$\boldsymbol{t_{E,req} = 9 \cdot d}$$

$$\boldsymbol{l_n = t_{req} + t_{E,req}}$$

Nagelanzahl n_{erf}

aus Tabelle:

$$F^0_{v,Rk} = 1795\ \text{N}$$

$$\frac{k_{mod}}{\gamma_M} = 0{,}818$$

$$F_{v,Rd} = \frac{k_{mod}}{\gamma_M} \cdot F_{v,Rk} = 0{,}818 \cdot 1795\ \text{N} = 1468{,}31\ \text{N}$$

$$n_{erf} \geq \frac{F_d}{F_{v,Rd}} = \frac{120\,000\ \text{N}}{1468{,}31\ \text{N}} = 81{,}73$$

gewählt: 82 Nägel je Lasche

$$\boldsymbol{n_{erf} \geq \frac{F_d}{F_{v,Rd}}}$$

$$\boldsymbol{F_{v,Rd} = \frac{k_{mod}}{\gamma_M} \cdot F_{v,Rk}}$$

$$\boldsymbol{F_{v,Rk} = F^0_{v,Rk}}$$

$\boldsymbol{F^0_{v,Rk}}$ **und** $\boldsymbol{\frac{k_{mod}}{\gamma_M}}$ aus Tabelle

Glattschaftige Nägel: d_n = Nageldurchmesser, l_n = Nagellänge, d_h = Kopfdurchmesser

Typ	Glattschaftige Nägel DIN EN 10 230	
d_n [mm]	l_n [mm]	d_h [mm]
2,7	50/60	6,1
2,8	60/65/70	–
3,0	60/70/80	6,8
3,1	65/70/80	–
3,4	80/90	7,7
3,8	100	7,6
4,2	100/110/120	8,4
4,6	120/130	9,2
5,0	140	10,0
5,5	140/160	11,0
6,0	180	12,0
7,0	200/210	14,0
7,6	230/260	–

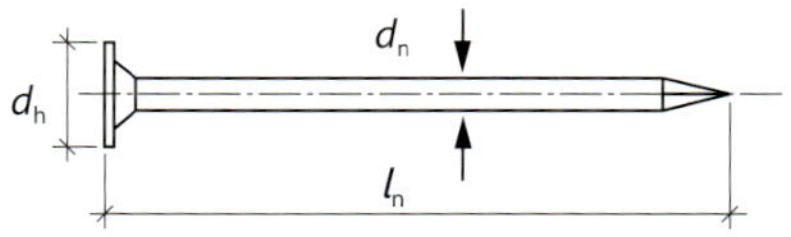

Mindestholzdicken t_{req} [mm], Mindesteinschlagtiefen $t_{E,req}$ [mm] und charakteristische Tragfähigkeiten auf Abscheren pro Scherfuge $F^0_{v,Rk}$ [N] für Holz-Holz- und Stahlblech-Holz-Nagelverbindungen für Nägel mit außen liegenden dünnen Stahlblechen

d [mm]			2,7	3,0	3,4	3,8	4,0	4,2	4,6	5,0	5,1	5,5	6,0	7,0	7,6
t_{req} [1] u. $t_{E,req}$ [2]		9*d*	25	27	31	35	36	38	42	45	46	50	54	63	69
min $t_{E,req}$ [2]		(4*d*)	(11)	(12)	(14)	(16)	(16)	(17)	(19)	(20)	(21)	(22)	(24)	(28)	(31)
C24	nicht	$t_{Sp,req}$ [3]	38	42	48	54	56	59	65	70	72	77	84	107	121
	vb	$F^0_{v,Rk}$	523	623	766	920	1001	1085	1261	1447	1495	1693	1955	2521	2887
	vb	$F^0_{v,Rk}$	599	723	904	1102	1208	1317	1548	1795	1859	2125	2479	3255	3762
GL24c	nicht	$t_{Sp,req}$ [3]	38	42	48	54	56	59	65	70	72	77	88	112	126
	vb	$F^0_{v,Rk}$	535	636	782	939	1022	1108	1288	1477	1526	1729	1996	2574	2948
	vb	$F^0_{v,Rk}$	612	739	923	1126	1233	1345	1581	1833	1899	2171	2532	3324	3842
GL24h	nicht	$t_{Sp,req}$ [3]	38	47	48	54	56	59	65	70	72	80	93	118	133
	vb	$F^0_{v,Rk}$	549	653	803	965	1050	1138	1322	1517	1568	1776	2050	2644	3028
	vb	$F^0_{v,Rk}$	628	759	948	1156	1267	1381	1624	1883	1950	2229	2600	3414	3945
GL28c GL30c	nicht	$t_{Sp,req}$ [3]	38	42	48	54	56	59	65	70	72	81	94	119	135
	vb	$F^0_{v,Rk}$	553	657	808	971	1057	1145	1331	1527	1578	1787	2063	2651	3047
	vb	$F^0_{v,Rk}$	633	763	954	1164	1275	1390	1634	1895	1963	2244	2617	3436	3971
GL28h	nicht	$t_{Sp,req}$ [3]	38	42	48	54	56	59	65	75	73	89	102	130	147
	vb	$F^0_{v,Rk}$	577	686	844	1014	1103	1196	1389	1594	1647	1866	2154	2778	3181
	vb	$F^0_{v,Rk}$	660	797	996	1215	1331	1451	1706	1978	2049	2342	2732	3586	4145
GL30h	nicht	$t_{sp,req}$	38	42	48	54	56	59	65	76	79	90	104	132	148
	vb	$F^0_{v,Rk}$	580	690	849	1020	1110	1203	1397	1604	1657	1877	2166	2794	3200
	vb	$F^0_{v,Rk}$	664	802	1002	1222	1339	1460	1716	1990	2061	2356	2748	3608	4170
GL 32c	nicht	$t_{Sp,req}$ [3]	38	42	48	54	56	59	65	70	73	83	96	122	138
	vb	$F^0_{v,Rk}$	560	666	819	983	1070	1160	1348	1547	1598	1810	2089	2695	3086
	vb	$F^0_{v,Rk}$	641	773	967	1178	1291	1408	1655	1919	1988	2272	2650	3479	4022
GL32h	nicht	$t_{Sp,req}$ [3]	38	42	48	54	56	59	66	77	80	92	106	135	152
	vb	$F^0_{v,Rk}$	587	698	858	1031	1122	1217	1414	1622	1676	1898	2191	2326	3237
	vb	$F^0_{v,Rk}$	672	811	1014	1236	1354	1477	1736	2013	2035	2383	2780	3649	4218

[1] Mindestholzdicke für „vollwertige" Scherfuge.
Bei Holzdicken $t < 9d$ ist $F_{v,Rk}$ mit dem Faktor t/t_{req} zu multiplizieren.

[2] Mindesteinschlagtiefe für „vollwertige" Scherfuge: $9d$; in Klammern: absolute Mindestwerte ($4d$)
Bei Einschlagtiefen $4d \leq 9d$ ist $F^0_{v,Rk}$ mit dem Faktor t_E/t_{req} zu multiplizieren.

[3] Mindestholzdicke wegen Spaltgefahr.

Die Festigkeitswerte $F_{V,Rk}$ sind in Abhängigkeit von der KLED und der NKL wie folgt zu modifizieren: $(\cdot\, k_{mod}/\gamma_M)$	KLED =	ständig	lang	mittel	kurz	k./sehr k.
	NKL = 1 u. 2	0,545	0,636	0,727	0,818	0,909
	NKL = 3	0,454	0,500	0,591	0,636	0,727

Aufgaben

115. Eine Holzstütze 18/22 cm mit einer Knicklänge von $l_0 = 3{,}45$ m wird mit $F_{c,d} = 180$ kN belastet. Führen Sie den Knickspannungsnachweis.

116. Eine Stahlstütze aus der IPB-Reihe mit einer Knicklänge von $l_0 = 3{,}75$ m wird mit 0,8 MN belastet. Dimensionieren Sie diese Stütze.

117. Berechnen Sie die Versatztiefe t_V und die Vorholzlänge l_V.

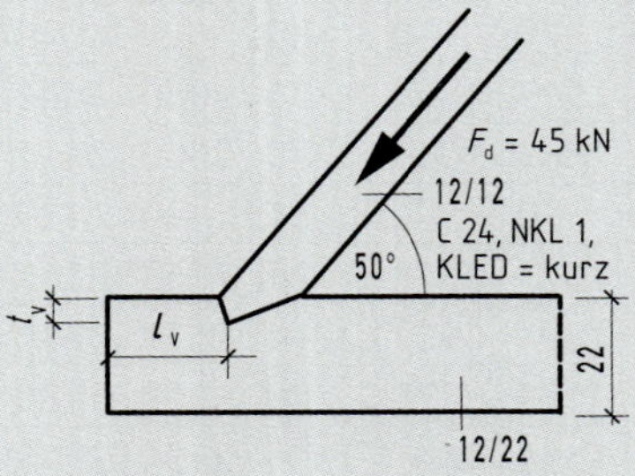

118. Berechnen Sie die Versatztiefe t_V sowie die Vorholzlänge l_V für
a) $\alpha = 30°$,
b) $\alpha = 45°$,
c) $\alpha = 60°$.
Bewerten Sie die Ergebnisse.

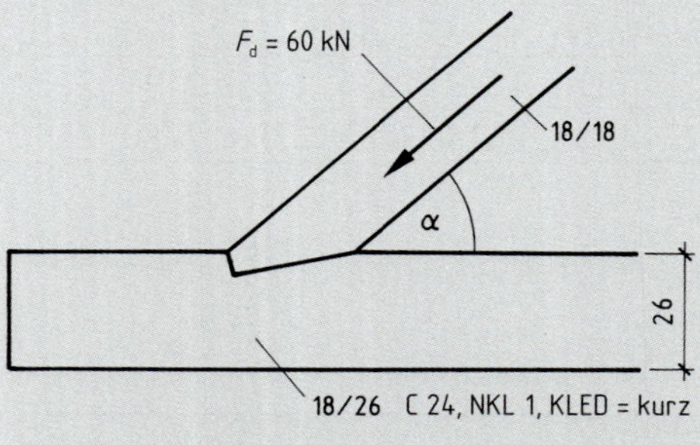

119. Berechnen Sie für den Deckenbalken mit Strebe C24, NKL1, KLED = kurz
a) die maximale Größe der Strebenkraft F_d,
b) die mindestens erforderliche Vorholzlänge l_V.

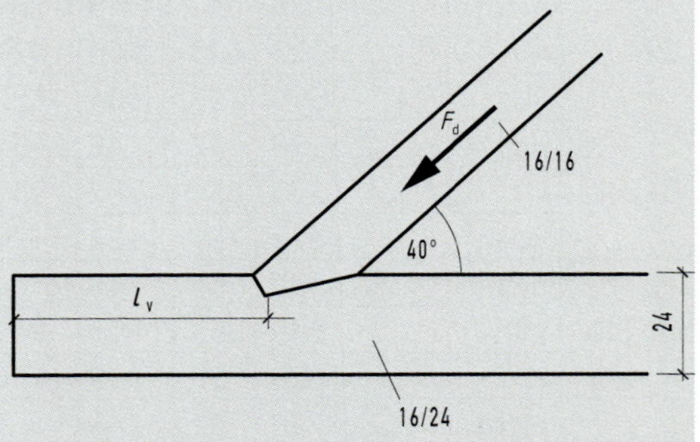

120. Berechnen Sie für C 24, NKL 1, KLED = kurz
a) die Querschnittsfläche der Hängesäule,
b) die Versatztiefe, wenn $t_{V,zul} = h/6$ ist,
c) die Vorholzlänge.

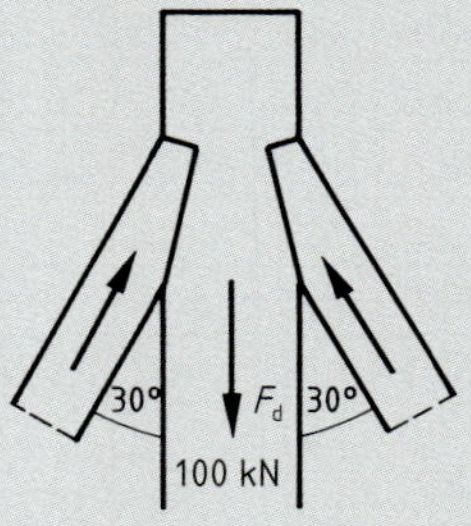

121. Der Zugstoß ist mit einer Nagelverbindung herzustellen. Die Nägel sind vorgebohrt. Die Laschendicke beträgt 4,0 cm. Berechnen Sie
a) den Nagelnenndurchmesser,
b) die Nagellänge,
c) die Nagelanzahl.

Projektaufgabe

Ein Einfamilien-Reihenhaus mit Garage soll errichtet werden. Das Reihenhaus besteht aus einem Untergeschoss, einem Erdgeschoss und einem Obergeschoss. Über dem Obergeschoss befindet sich ein nur zum Teil ausgebautes Dachgeschoss. Das Dach hat die Form eines symmetrischen Satteldaches. Die Garage besitzt ebenfalls ein Satteldach.

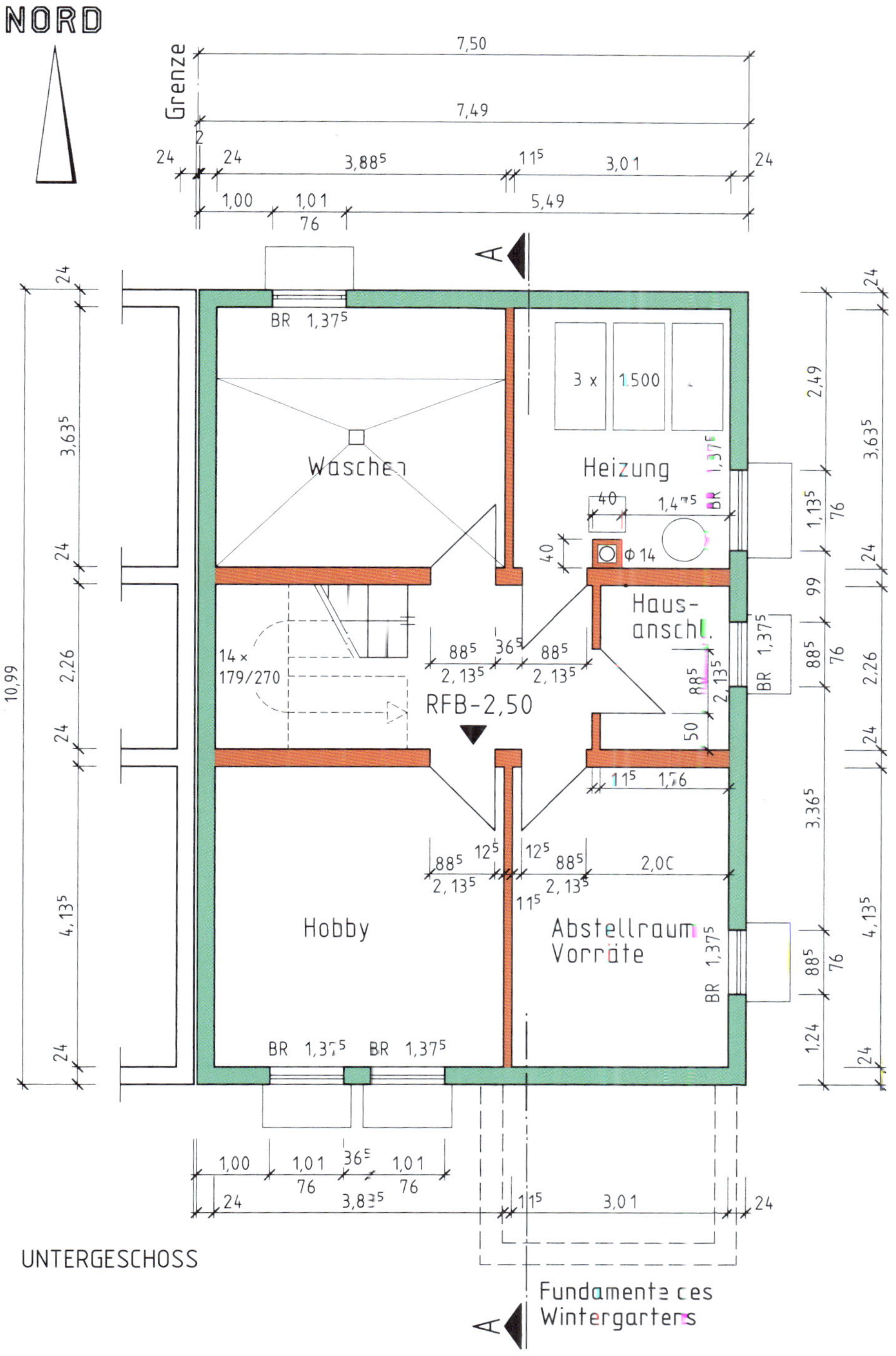

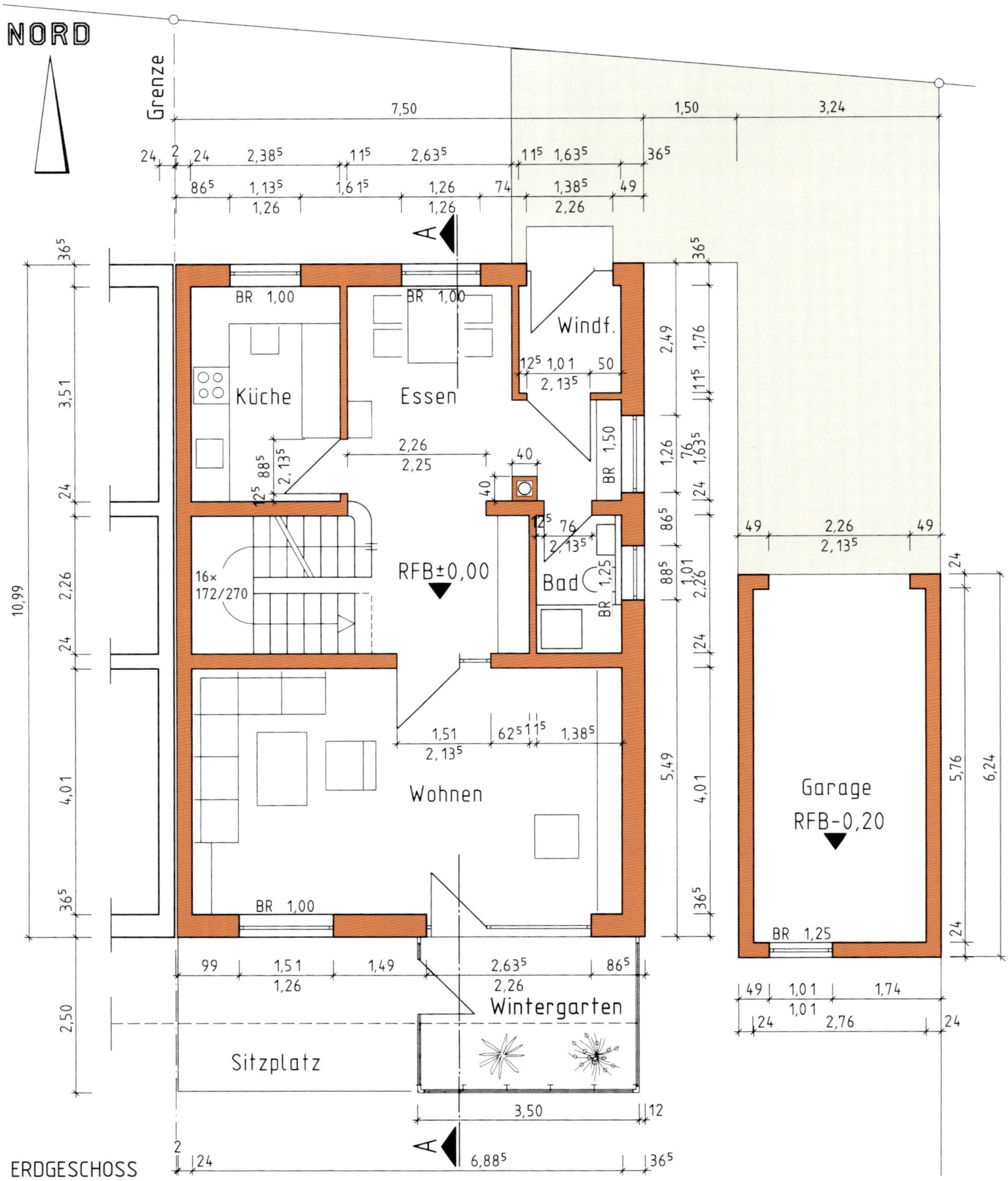

ERDGESCHOSS

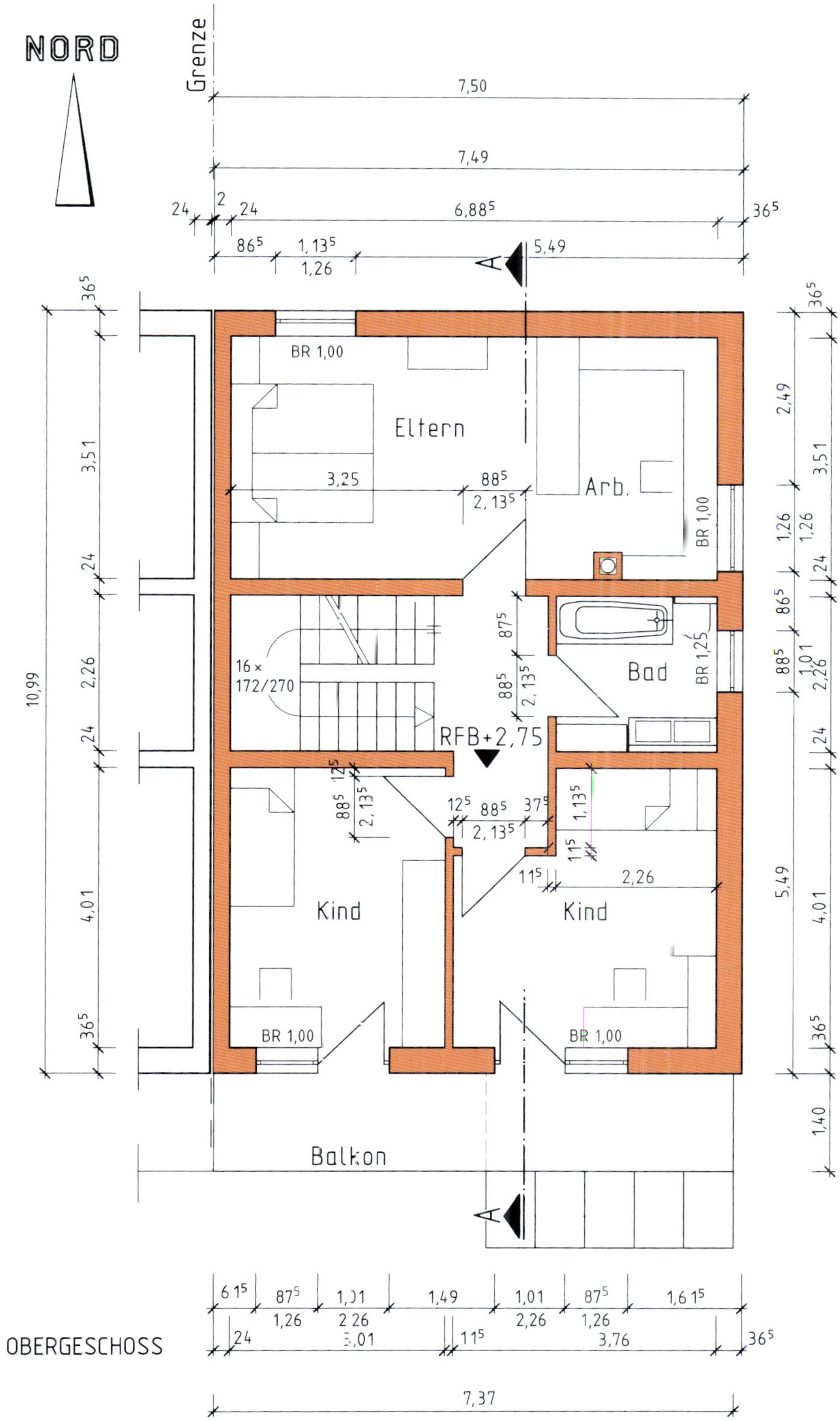
NORD
Grenze
7,50
7,49
Eltern
Arb.
Bad
Kind
Kind
BR 1,00
BR 1,25
16 ×
172/270
RFB +2,75
Balkon
10,99
7,37
OBERGESCHOSS

SCHNITT A-A

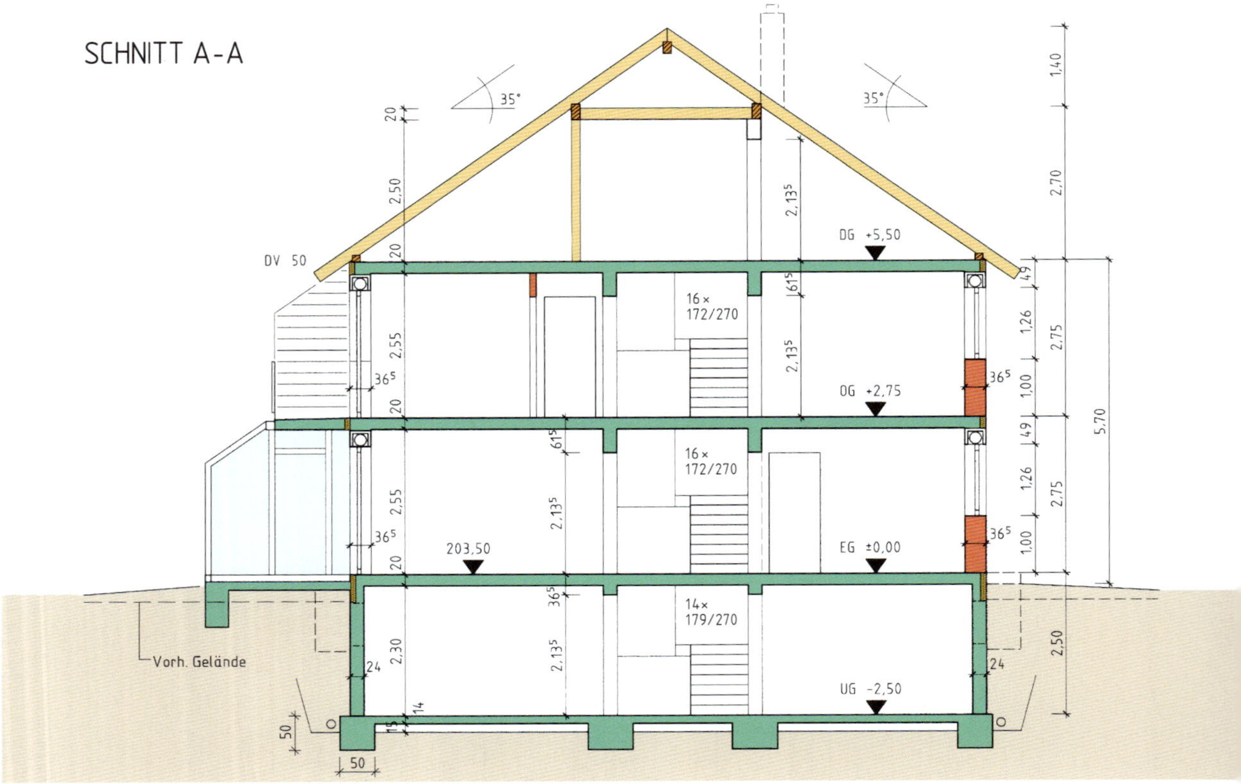

ANSICHT VON OSTEN

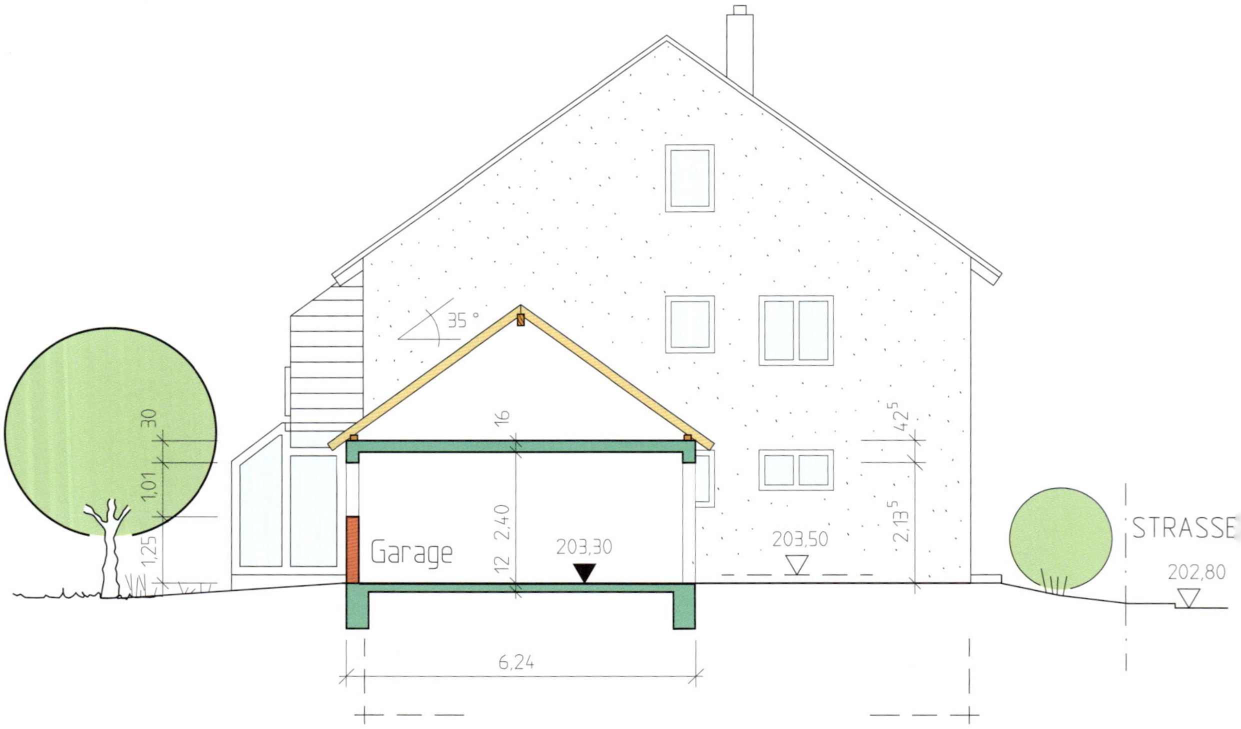

Ansicht von Osten und **Schnitt durch die Garage**

ANSICHT VON NORDEN

ANSICHT VON SÜDEN

Aufgaben

1. a) Berechnen Sie die Masse der westlichen Stahlbetonwand im Untergeschoss.
b) Ermitteln Sie die Masse der westlichen Wand im Erdgeschoss. Sie soll aus Kalksandvollsteinen errichtet werden.
c) Bestimmen Sie, um wie viel Prozent die EG-Wand leichter ist.

2. Die Firstpfette der Garage mit dem Querschnitt 12/18 verläuft bündig mit den Außenkanten der Mauern. Bestimmen Sie deren Masse, wenn sie aus Fichte ist.

3. Berechnen Sie die Kraft in kN/m, die auf das westliche Streifenfundament wirkt, wenn aus dem Dach eine Last von $F_1 = 6{,}4$ kN/m, aus den Mauerwerkswänden des EG und OG jeweils $F_2 = 9{,}8$ kN/m, aus der Stahlbetonwand des UG eine Last von $F_3 = 13{,}8$ kN/m und aus den Decken jeweils $F_4 = 18{,}8$ kN/m wirken.

4. a) Ermitteln Sie den vorhandenen Sohldruck des westlichen Streifenfundamentes, wenn 400,8 kN/m² auf das Fundament wirken.
b) Ist der Sohldruck bei einer Einbindetiefe von 2,00 m und einem halbfesten gemischtkörnigen Boden zulässig?
c) Überprüfen Sie, ob die zulässige Mindestfundamenthöhe eingehalten wurde.

5. a) Ermitteln Sie die Auflagerkräfte der EG-Decke mit Balkon in A und B, wenn die Decke vereinfacht als Einfeldträger mit Kragarm betrachtet wird.

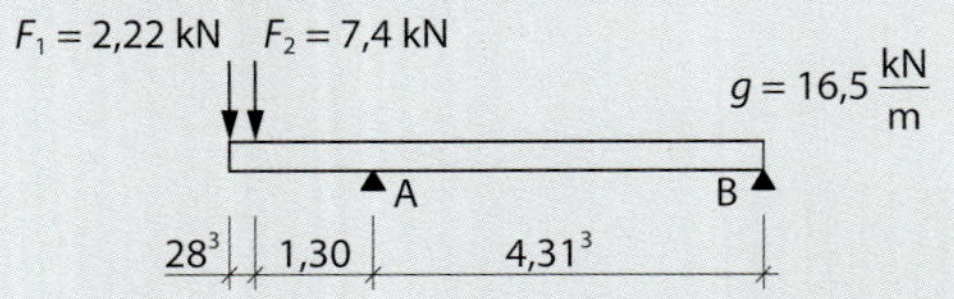

b) Berechnen Sie für das statische System aus Teilaufgabe a) den Querkraft- sowie den Momentenverlauf. Die Einzellasten sind zu vernachlässigen.

Aufgaben

6. Die Mittelpfette des Daches ist als Einfeldträger mit zwei Kragarmen anzunehmen. Berechnen Sie für das statische System
a) die Auflagerkräfte in A und B,
b) den Querkraftverlauf,
c) den Momentenverlauf.
d) Dimensionieren Sie die Pfette, wenn sie aus Nadelholz GL24h ist und eine Breite von $b = 10$ cm hat.
e) Dimensionieren Sie die Pfette, wenn sie ein I-Profil aus der IPE-Reihe ist.

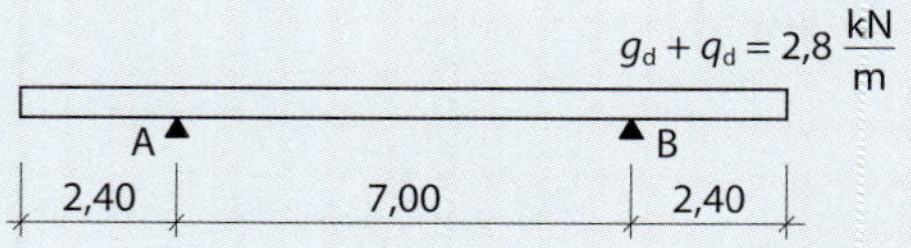

7. Für die Holzstütze im Dachgeschoss unterhalb der Mittelpfette ist der Knickspannungsnachweis durchzuführen. Die Holzstütze in GL24h ist als Pendelstütze mit einem Querschnitt von 10/12 cm anzunehmen. Auf sie wirkt eine Kraft von $F_{c,d} = 16,52$ kN/m.

8. Ermitteln Sie die einwirkende und maximal aufnehmbare Normalkraft der westlichen Wand im OG aus KS12-NMII. Die Last aus Dach und Decke beträgt 25,2 kN/m, die veränderliche Last ist 5,4 kN/m.

Sachwortverzeichnis